U0001508

一看就懂
森林之島

走入大自然、親近台灣森林的第一本書

The Illustrated
Encyclopedia of
Taiwan Forest

遠足地理百科編輯組

目次

前言· 台灣的森林為什麼特別？ 006

1 森林生態

地球上的森林 010
專欄：熱帶雨林 012
台灣的森林 014
熱帶季風林 018
專欄：紅樹林 020
亞熱帶闊葉林 022
暖溫帶闊葉林 024
涼溫帶針闊葉混合林 026
冷溫帶針葉林 028
亞高山針葉林 030
高山寒原 032
森林的形成與演替 034
森林的垂直結構 036

2 森林植物

樹木的年齡 040
最高的樹：台灣杉 042
開花植物 044
高山與海濱植物 046
落葉植物 048
蕨類植物 050
苔蘚與地衣 054
有毒植物 056
常見樹木疫病蟲害 058
專欄：真菌 062

3 森林生物

野生動物	066
哺乳類動物	068
鳥類	070
雉科鳥類	072
猛禽	074
兩棲與爬蟲類動物	078
昆蟲	080
蝴蝶	082
螢火蟲	084

4 森林景觀

天然湖泊	088
天然溼地	090
雲霧與雲海	092
雲的種類	094
瀑布	096
雪與霧淞	098

目次

5 森林功能

森林與水	102
森林與氣候	104
專欄：森林與氣候變遷	106
都市林	108
森林的療癒力	110

6 森林與人

森林與人類文明	114
民俗植物	116
樟樹與樟腦	120
林業與林場	122
專欄：阿里山森林鐵路	128
台灣經濟樹種	130
竹子	134
森林副產物	138

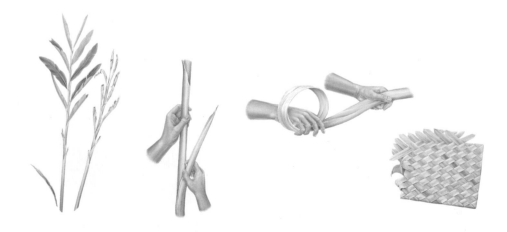

7 森林經營與育樂

森林資源調查與監測　　142

森林復育與管理　　144

森林消失的原因　　148

森林大火　　150

生物保育　　152

林道　　154

保安林　　156

森林步道　　158

森林與休閒　　160

森林遊樂與自然教育　　162

附錄

國家森林遊樂區

參考書目與圖片來源

台灣的森林為什麼特別？

台灣森林面積共 2,197,090 公頃

森林覆蓋率 **60.71%**

全球森林覆蓋率平均值為 30.3%，
台灣為全球平均值的 2 倍。

占地最廣的林型

 TOP1 闊葉林

 TOP2 針闊葉混合林

 TOP3 針葉林

舉世聞名的檜木

地球上現存的檜木只有 7 種，主要集中分布
在美國、日本和台灣。

台灣因獨特的地理環境，孕育出 2 種珍貴檜木：

紅檜

扁柏

竹林

6 大竹種

台灣竹種類繁多，最常見的包括桂竹、孟宗竹、長枝竹、莉竹、綠竹、麻竹。

筆筒樹

蕨類王國

全世界的蕨類植物約可分為 39 科，台灣就擁有 34 科、將近 650 種蕨類植物，種類密度高居世界之冠。

植物寶庫

台灣有超過 4,000 種維管束植物，包含台灣穗花杉、台灣水青岡（台灣山毛櫸）、南湖柳葉菜、清水圓柏等珍貴稀有植物。

台灣穗花杉

鳥類天堂

台灣已記錄超過的鳥類，包括候鳥與迷鳥等，共超過 600 種！
其中有 30 種特有種，如台灣藍鵲、帝雉、藍腹鷴等，可說是世界級的賞鳥景點。

台灣藍鵲

穿山甲

動物之家

台灣森林植物豐富，為野生動物提供絕佳而多樣的棲息環境，如台灣黑熊、穿山甲等稀有保育動物皆以森林為家。

森林生態

第1章

地球上的森林

專欄：熱帶雨林

台灣的森林

熱帶季風林

專欄：紅樹林

亞熱帶闊葉林

暖溫帶闊葉林

涼溫帶針闊葉混合林

冷溫帶針葉林

亞高山針葉林

高山寒原

森林的形成與演替

森林的垂直結構

地球上的森林

森林泛指有許多樹木生長的大片土地，是地球上最大也最複雜的生態系之一，覆蓋全球將近三分之一的土地。森林會受到雨量、氣溫等因素影響，形成不同的樣貌。全球的森林依據分布的緯度，大致可分為北方針葉林、溫帶林、亞熱帶林及熱帶雨林。

北方針葉林

又稱為泰卡林，主要分布於高緯度的寒冷地區，包含北半球的歐亞大陸及北美大陸北部，南半球在同樣的緯度內無陸地，所以沒有此類森林。北方針葉林的樹木種類以雲杉、冷杉等針葉樹為主。台灣海拔 3,000 ～ 3,500 公尺的亞高山針葉林，為全球北方針葉林分布的最南端。

台灣是北方針葉林分布的最南界。圖為雪山黑森林裡的冷杉純林。

溫帶林

分布於南、北半球溫暖潮濕的地帶，包括北美東部、亞洲東北部，以及中歐和西歐。依據不同的氣候與地理條件可細分為溫帶針葉林、溫帶針闊葉混合林與溫帶闊葉林（闊葉林又可分為冬季落葉的落葉闊葉林和四季常綠的常綠闊葉林）。常見的樹種包括橡樹、楓樹、山毛櫸、松樹等。由於溫帶林裡的植物生長與分解活動相當旺盛，可以產生富含養分的肥沃土壤。

溫帶林當中最具特色的落葉林，樹木會在秋冬變色或凋零，並在春天重新生長。

亞熱帶林

分布於南北回歸線與溫帶之間，包括日本南部、東南亞部分地區、美國東南部、澳大利亞東南部、非洲東南部以及南美洲的東南部等。由於亞熱帶林位處於溫暖、季節變化較明顯的地帶，育有豐富、多樣的動植物資源。

熱帶雨林

亞馬遜流域有世界上最大的熱帶雨林。

以熱帶雨林為主，分布地區介於赤道與南、北緯 10° 之間，包含東南亞、澳洲、南美洲亞馬遜河流域、非洲剛果河流域、中美洲、墨西哥和眾多太平洋島嶼。熱帶雨林的環境特徵為高溫、多雨，沒有明顯的季節變化，是地球上物種最繁多的地區之一。

什麼是森林？

根據聯合國糧食及農業組織（FAO）的定義，森林是：
- 土地面積超過 0.5 公頃
- 林木覆蓋率達 10% 以上
- 樹木高達 5 公尺以上

從氣候的角度來看，形成森林的條件包含：
- 年雨量 400 毫米以上
- 七月平均溫度 10℃ 以上

亞熱帶林

溫帶林

熱帶雨林

北方針葉林

66.5°N

23.5°N

赤道

23.5°S

66.5°N

熱帶雨林

熱帶雨林全年平均溫差在攝氏 10 度以內，最冷月在攝氏 18 度以上，冬季不降霜。全年降雨量在 3,000 毫米以上，無明顯乾季，相對溼度高，通常高達 90% 以上，十分適合植物生長，是地球物種最豐盛的地區。

熱帶雨林的價值

1 調節氣候

森林可以行光合作用，長年大量且規律的降雨，使得雨林常保持密林的狀態，可以製造大量的氧氣。根據研究調查，地球氧氣總量有 40% 是由亞馬遜流域的熱帶雨林製造，因此熱帶雨林又有「地球之肺」之稱。此外，由於人類過度使用石化燃料，釋放過量二氧化碳，產生溫室效應，造成全球溫度上升，雨林植物可以大量吸收二氧化碳，避免地球溫度過高。

2 調節雨量

年降雨量在 3,000 毫米以上的熱帶雨林，有如一塊巨大的海綿體，可以將吸收的水分透過輸送系統傳送到葉面，讓水分以蒸氣形式釋放到空中形成雲雨，形成週而復始的水資源循環。若森林消失，循環系統便不復存在，水資源大量流失的結果，將造成更多地區乾旱。

3 生物基因庫

熱帶雨林面積僅占地球陸地面積的 6%，卻擁有一半以上的地球生物，具有最多物種生態系，因此被視為世界生物基因庫。

4 蘊藏豐富資源

熱帶雨林是地球主要的生物群落之一，蘊藏豐富的資源，從日常生活中的食物，如香蕉、咖啡豆、香草植物，到橡膠製品、燃料等原料都來自熱帶雨林。

5 醫學研究

全球有四分之一的藥品原料來自熱帶雨林中的植物，因而有「世界藥房」之稱。

1 大型喬木是熱帶雨林的優勢植物，樹高可達 30 公尺以上。為了爭取陽光，樹木一開始會往上直立生長，達到足夠的高度才會長出分枝。

2 枝幹多有板根、支柱根與幹生花現象。

3 樹葉多呈厚而大的革質葉片，具有明顯的滴水葉尖，讓葉面過量的水珠得以滴落。

4 林中攀緣性的藤本植物由地面纏繞至樹頂，僅在陽光可滲入的地方生長少數灌木叢，樹木多有纏勒現象。

5 由於環境潮溼，植物即使在喬木的樹幹上生長也能獲得足夠的水分，因此長出蘭花、蕨類、天南星科植物等耐蔭性或附生性植物。

熱帶雨林的花朵豔麗。

6 花朵較大、顏色豔麗且味道濃郁，並且會透過分泌黏液來誘引動物、昆蟲，協助傳遞花粉，達成繁衍目的。

熱帶雨林土壤披覆大量枯枝落葉。

土壤層

熱帶雨林擁有充足的陽光與雨水，使森林樹木得以不斷茁壯，產生大量落葉枯枝，並迅速被擔任分解者的微生物分解，但分解後的養分隨即被樹木吸收，反而沒有多餘的養分可以停留在土壤中，使熱帶雨林的土壤層特別稀薄。也因此，熱帶雨林一旦遭受不當的採伐，就難以恢復。

台灣的森林

台灣位於北緯22～25°的亞熱帶，中間有北回歸線貫穿，加上高山林立，從低海拔到高海拔有近4,000公尺的垂直落差，使台灣同時具備熱帶、暖溫帶、溫帶、亞寒帶等氣候類型，因而在小小的台灣島上，可以看見從赤道到北方極地的各種森林景觀。

北回歸線上少見的森林

北回歸線經過之處多屬熱帶沙漠氣候，終年為熱帶高壓籠罩，炎熱少雨，蒸發旺盛，氣候極為乾燥，地表多呈沙漠、半沙漠或稀樹草原。例如，在美洲的墨西哥為高原，非洲、中東呈現沙漠，印度則為半沙漠、稀樹草原或季風雨林，完全不利於多層次森林的發育。僅有台灣、中國雲南與緬甸交界處因同時位於季風帶或西南氣流交界處，帶來豐沛雨量，溫暖而潮溼，而得以發展出森林生態系。

北半球生態系縮影

高山寒原
海拔 3,500 公尺以上

亞高山針葉林（冷杉林帶）
海拔 3,000~3,500 公尺 ── 森林界線

冷溫帶針葉林（鐵杉林帶）
海拔 2,500~3,000 公尺

涼溫帶針闊葉混合林（霧林帶、檜木林帶）
海拔 1,500~2,500 公尺 ── 台灣最具特色的植群帶

暖溫帶闊葉林（樟殼林帶）
海拔 700~1,500 公尺 ── 落葉樹木分布區

亞熱帶闊葉林（榕楠林帶）
海拔 700 公尺以下

熱帶季風林
海拔 200 公尺以下

紅樹林

熱帶

亞熱帶

紅檜

櫻花鉤吻鮭

台灣櫸樹

子遺生物眾多

子遺生物是指在遠古時代就已經存在，現今仍殘存少數族群的生物。台灣島在冰河時期曾與大陸相連，許多歐亞大陸的古老物種因此得以進入台灣，等到冰河北退、氣候回暖，不適應高溫的動、植物便遷往溫度較低的高海拔山地。例如紅檜、台灣杉、台東蘇鐵、台灣山毛櫸、櫻花鉤吻鮭、台灣山椒魚等。

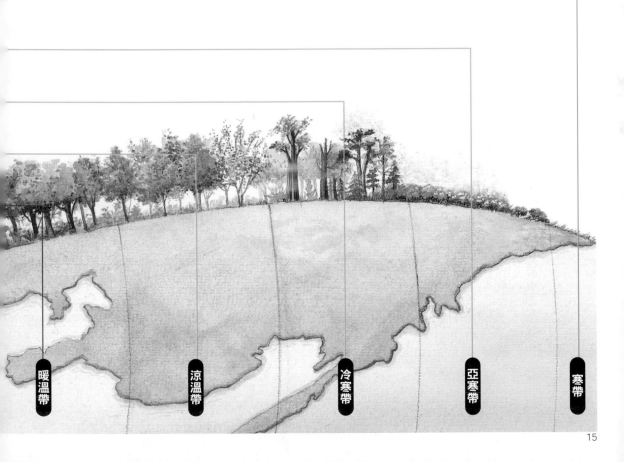

暖溫帶

涼溫帶

冷寒帶

亞寒帶

寒帶

孕育豐富的動植物

台灣的森林與海拔高度有密切的關係，隨著海拔高度升高，分化出各具特色的植群帶，不同的植群帶間，有各種動物棲息其中，如台灣黑熊、山羌、黑長尾雉等。這些植物與動物的相互作用與關係，也成為台灣豐富生態系統的一大特色。

3500 公尺

3000 公尺

2500 公尺

2000 公尺

1500 公尺

1 馬鞍藤
2 棋盤腳
3 彈塗魚
4 蔓荊
5 林投
6 小杓鷸
7 水筆仔
8 白背芒
9 紅嘴黑鵯

10 赤腹松鼠
11 藪鳥
12 筆筒樹
13 五色鳥
14 白鼻心
15 台灣藍鵲
16 台灣野兔
17 百步蛇
18 大冠鷲

19 山羌
20 冠羽畫眉
21 紅頭山雀
22 台灣獼猴
23 棕面鶯
24 小卷尾
25 栗背林鴝
26 台灣黑熊
27 黑長尾雉（帝雉）

28 青剛櫟
29 紅檜
30 水鹿
31 玉山針蘭
32 野豬
33 玉山杜鵑
34 玉山小蘗
35 酒紅朱雀
36 黃鼠狼

37 二葉松
38 冷杉
39 鐵杉
40 長鬃山羊
41 玉山圓柏

1000 公尺

500 公尺

0 公尺

熱帶季風林

主要分布於蘭嶼、恆春半島等地，四季終年炎熱，常見植物以熱帶樹種為主，如白榕、桑樹、欖仁樹、林投、馬藤鞍、蓮葉桐、銀葉樹、棋盤腳等，許多植物特徵包括板根現象、纏勒與幹生花等。此外，在恆春半島及蘭嶼等珊瑚礁海岸，具有特殊的珊瑚礁海岸林。

支柱根

支柱根是生長在樹幹高處的堅硬木質不定根，深入土壤慢慢發育而成，是熱帶林植物的最大特色。支柱根植物與板根植物同樣多出現在熱帶雨林氣候區，在台灣則主要分布在熱帶季風區的恆春、蘭嶼一帶，最具代表性的就是白榕，此外榕樹、林投也都屬支柱根植物。

分布位置：海拔 200 公尺以下
年均溫：25℃以上
年雨量：2,000 毫米以上

板根

靠近樹幹基部，呈三角形翼狀伸展的平版狀構造，由靠近地表的側根極度向上生長所形成。由於熱帶雨林區的地面經常積水，板根的發育可以幫助根系呼吸，並擴展吸收地面的養分範圍，協助支撐龐大的樹身以免傾倒，也能防止土壤的流失。許多熱帶雨林植物都具有板根，如麵包樹、銀葉樹等。

支柱根

板根

台灣常見板根植物

低海拔、高溫多雨環境中的植物比較容易形成板根，台灣擁有最多板根植物的地方是屬於熱帶季風區的蘭嶼。在台灣常見的板根植物有：原生種的欖仁、銀葉樹、白榕、九丁榕、大葉楠、幹花榕、澀葉榕等榕屬植物，以及外來種的吉貝木棉、小葉欖仁、馬尼拉欖仁、麵包樹、波羅蜜、大葉桃花心木等。

纏勒現象

纏勒現象是熱帶植物的特徵，大多發生在榕科植物。發生過程如下：

1. 榕樹利用甜美多汁的果實吸引鳥類食用，讓種子隨著鳥類的糞便到異地繁衍。

2. 若種子剛好落到其他樹種的樹幹上，便在樹幹上發芽、生長，向下長出氣生根、往上長出莖與葉。

適應海岸環境的銀葉樹，除了銀白色的葉背可反射陽光，木質化且質輕的果實更可藉由海水漂浮傳播。

3. 隨著榕樹的成長，氣生根會將寄宿的樹幹慢慢包裹、纏勒，導致原先的樹幹組織被破壞。

4. 往上生長的枝葉日益茂盛，蓋住原來植物的樹冠，使原生植物無法行光合作用。

5. 被榕樹寄宿的樹死亡，榕樹奪得立足之地。整個纏勒過程，可能長達數十年、數百年，直到原來的樹死亡才停止。

台灣有熱帶雨林嗎？

　　台灣乾濕季節分明，沒有終年多雨的熱帶雨林。不過，蘭嶼卻有接近熱帶雨林的環境與生物，除了缺乏較多層次的樹冠層之外（熱帶雨林通常有 5 到 7 層的樹冠，台灣多颱風，因此熱帶季風林通常只有 3 到 4 層的樹冠），其他熱帶雨林常見的纏勒植物、植物板根與支柱根現象、幹生花等，在蘭嶼皆可發現。

棋盤腳花

恆春半島有許多植物生長在隆起珊瑚礁上，形成珊瑚礁海岸林。此區的海岸植物多會利用海漂來傳播種子，如：蓮葉桐、棋盤腳樹、林投、欖仁。

幹花榕的樹幹上長有許多球狀的隱頭花序／隱花果。

紅樹林

主要分布於台灣西部海岸河口淡鹹水交會處，北起淡水河口，南至高雄。經常在漲潮時形成獨特的水上森林景觀。台灣紅樹林樹種曾多達 6 種，但目前僅存水筆仔、紅海欖、海茄苳與欖李 4 種。

名稱由來

紅樹林不是單一樹種的名稱，其名字的由來，是起源於一種生長在東南亞地區的植物：紅茄苳。因紅茄苳從樹幹、樹皮、枝條到花朵都是紅色的，樹皮可提煉成紅色染料，當地人便稱紅茄苳為紅樹。因此紅樹林便泛指如紅茄苳這類生長在熱帶、亞熱帶地區，海岸、河海交會或沼澤區的耐鹽性常綠灌木或喬木樹林。由於紅樹林受到潮汐作用影響，漲潮時樹木的下半部會被海水淹沒，有如一座海上森林，因而又有「潮汐林」的稱呼。

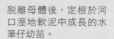

脫離母體後，定根於河口溼地軟泥中成長的水筆仔幼苗。

胎生現象

為了適應高鹽分的生長環境，紅樹林發展出極為特殊的型態與構造。最特殊之處，當屬紅樹林演化出全世界獨一無二的胎生現象。胎生是指果實在未脫落前，種子已經在母體上萌芽生長成幼苗，如水筆仔胎生苗可達 20 公分長。當幼苗脫離母體時，會直接落入軟泥中，或隨著潮汐、海流漂流到適當的環境著床。

植物特徵

為適應泥灘地與潮汐水流的沖擊，紅樹林的根系演化出板根、呼吸根、屈膝根等構造，以穩固紅樹林生長。在構造上，紅樹林植物葉片多成革質，表面具厚角皮層、氣孔少、葉面光滑或密生茸毛，以減緩水分蒸發。在生理上，紅樹林則以增加細胞化學元素、單寧的組成，或具備鹽腺構造等排鹽機制，使之能在淡鹹水交會處生存。

在台灣的分布位置

台灣西部因為地勢平坦，在河海交會處容易淤積大量泥沙，形成淺灘與潮間帶，十分適合紅樹林生長，因而北從淡水河口，南至屏東大鵬灣沿岸，都可看到紅樹林的蹤跡。包括：淡水河口區的竹圍紅樹林、挖子尾紅樹林、關渡沼澤；新竹新豐；苗栗中港溪口、通霄；嘉義東石、布袋好美寮；台南雙春海岸、北門、將軍溪口、七股頂頭額汕、四草；高雄阿公店水畔、塭岸、鹽田、永安、旗津；屏東東港等，另外在離島金門也有紅樹林的分布。淡水竹圍紅樹林保留區是目前台灣面積最大的紅樹林，也是全世界面積最大的水筆仔純林，面積廣達 76 公頃。

紅樹林分布示意圖

分布廣泛（紅色地區），主要於赤道南北緯 20° 的熱帶與亞熱帶間，最遠可達北緯 35° 及南緯 40°。

在世界的分布位置

主要分布於赤道南北緯 20° 的熱帶與亞熱帶間，最遠可達北緯 35° 及南緯 40°；印度洋至太平洋間與美洲大西洋區為最主要分布區。

水筆仔 紅樹科，具有筆狀的胎生苗。耐寒性強，主要分布於台灣北部，淡水河出海口有較大面積的純林。

海茄苳 馬鞭草科，分布廣，數量多，擁有伸出水面的直立呼吸根（如圖左下）。主要分布於新竹以南，屏東有海茄苳純林。

紅海欖 又稱五梨跤。紅樹科，只分布在南部，數量較少，有胎生苗，並且具氣生根與支持根。

欖李 使君子科，耐鹽性強，具有形狀特殊的「屈膝根」。主要分布於台南地區。

亞熱帶闊葉林

又稱榕楠林帶。此區域植物接近熱帶植群的特徵，蕨類與附生植物特別興盛，樹種以桑科榕屬與樟科楠木類為主。由於位處低海拔且地勢平緩的地帶，開發的歷史較早，僅台灣東部少數區域保留較多原始狀態，許多區域的原始植被已經消失，由次生林或人工林取代。

闊葉林

由葉子形狀扁平、寬闊的闊葉樹組成，是台灣森林當中占比最高的林相，又可分為冬季落葉的落葉闊葉林和四季常綠的常綠闊葉林。台灣的闊葉林有較多的分層結構，其間還穿插分布許多附生植物和藤本植物，以及各類蕨類植物，形成變化多樣的生物棲息環境。

稜果榕，桑科榕屬植物，全島平地至低海拔山區可見。隱花果表面有稜，因此得名。

分布位置：海拔 700 公尺以下平地或山坡地
　　　　　（南部區為海拔 200 ～ 700 公尺）
年均溫：23℃以上
年雨量：約 1000 ～ 4000 毫米（變化大）

蕨類植物

附生植物

藤本植物

天然林

非經人工種植、自然成形的森林，又可區分為原始林與次生林。未經開發的天然林有豐富的樹木種類，與各種動物、微生物形成結構穩定的生態群落，具備生態保育、水土保持、水源涵養的功能。其中，原始林常見樹種包括大葉楠、稜果榕、構樹、小葉桑、香楠、茄苳、青剛櫟等。

大葉楠，樟科楠屬植物，具有厚質大葉，葉子和樹幹都有特殊香味。其樹皮則可磨成粉，代替香楠作為線香的材料。

構樹，在平地與低海拔地區常見的桑科構屬植物，其特色是會結橘紅色的果實，經常吸引許多蟲鳥取食。

次生林

當原始林因天然災害產生坍塌、森林大火或人為濫墾盜伐等，導致森林受到破壞或全毀後，沒有經過人工種植，由自然復育而成。過程由先驅植物進駐，緊接著灌木、喬木接續進入，直到再度形成森林。此時的森林是原始林遭受破壞後再長出來，因此稱為次生林。台灣中低海拔的山林，受到太多人為干擾，多半屬於次生林。常見的次生林如白匏仔、山黃麻、血桐、野桐等。

山黃麻，大麻科山黃麻屬植物，為平地至低海拔常見的先驅植物。

人工林

人類基於經濟需求或水土保持等原因而栽種的植物群落，例如相思樹、油桐，以及桂竹、綠竹、麻竹等竹林。

其中相思樹由於生長快速，容易繁殖，是台灣早期重要的造林樹種，多栽植於低海拔山地與丘陵地。相思樹的木材可供建築、家具用材，也可作為薪炭材。

竹林屬於禾本科植物，用途廣泛，為台灣中低海拔地區常見的人工林景觀。由於地下莖的蔓延拓展，經常形成大面積的竹林，景觀優美。

至於果樹多植於氣溫較低的台灣山區。

油桐，又稱「五月雪」，每年五月盛花時，會將許多低海拔森林染成一片雪白。

相思樹如絲的假葉與花

相思樹，為台灣早期極為重要的薪炭材，至今仍有許多台灣產的木炭是以相思樹作為主要原料。花序粉撲狀，橙黃色，開花期間可於全島淺山看見黃澄澄的花海。

暖溫帶闊葉林

又稱樟殼林帶或樟櫟群叢。大約位於中海拔地區，氣候潮濕、溫暖，林蔭濃密，是台灣植物種類最豐富的地方。主要樹種為常綠樟科與殼斗科植物，也散生台灣肖楠、台灣黃杉等針葉樹，還有山黃麻、楓香、台灣櫸、栓皮櫟等次生林。此區也是暖溫帶落葉植物的分布區。

樟科植物

主要分布於熱帶與亞熱帶，種類繁多。植株特徵是全株都具有獨特的芳香味，葉片多為互生、革質，具有羽狀脈或三出脈。樟科植物是台灣原生闊葉林中極為常見的樹種，包括樟樹、牛樟、楠木等。

分布位置：海拔 700 ～ 1500 公尺（南部地區為海拔 700 ～ 1800 公尺）

年均溫：17 ～ 23℃

樟樹，樟科樟屬植物，全株具有芳香味。曾廣泛分布全島低海拔山區，因煉樟焗腦而數量銳減。

殼斗科植物

廣泛分布於熱帶、亞熱帶、溫帶。植株特徵是單葉互生,葉緣多為鋸齒狀,葉脈呈羽狀。其果實又稱為橡實,由堅果和杯、盤狀的殼斗組成。殼斗科植物是台灣闊葉林中的優勢樹種,如栓皮櫟、青剛櫟、台灣山毛櫸等。

栓皮櫟,殼斗科櫟屬植物,殼斗具特殊造型。喜好生長於開闊的向陽坡面上。

落葉樹木

指葉片會隨著季節、氣候而改變顏色的植物,主要生長在溫帶地區。台灣有至少有34 種以上的會變色的落葉植物,其中楓香與台灣山毛櫸有大面積純林,青楓、台灣紅榨槭、山漆最常見,是台灣最重要的落葉植物觀賞植物。

青楓,無患子科楓樹屬植物,掌狀五裂的葉形為其最大特徵。生長海拔較高的青楓具有較明顯的變色現象。

台灣山毛櫸

又稱台灣水青岡,是台灣特有種,屬第三世紀子遺種,已列為台灣珍貴稀有植物。目前全世界僅存十餘種,台灣僅有一種山毛櫸屬植物。樹高可超過 20 公尺、胸高直徑可達 70 公分以上。多生長在山稜線附近,常形成大面積的純林。每年 3、4 月開花,9、10 月果實成熟,11 月葉子變色為黃、紅色,非常美麗壯觀。

台灣山毛櫸的花果葉特徵,包括:鋸齒緣單葉互生,具托葉;為雌雄同株單性花,花與葉同時開放,雄花纖形頭狀垂生於葉腋,雌花著生於長梗;殼斗球形長約 1 公分,表面有軟棘,成熟時四裂,堅果為卵狀三角形。

山毛櫸落葉前會有一段轉色期,斑斕色彩十分吸睛。

山毛櫸。

涼溫帶針闊葉混合林

又稱霧林帶、檜木林帶。大約介於中高海拔，終年雲霧繚繞，針葉林與闊葉林混合生長其中，是台灣最具特色的植群帶。樹種以紅檜、扁柏、殼斗科植物為主。此區蘊藏許多孑遺植物，如台灣杉、雲葉等，也是涼溫帶落葉植物主要分布區，如台灣紅榨槭。

針葉林

由葉片為針狀或短扁鱗片狀的針葉樹組成。針葉樹大多為常綠植物，樹幹筆直，樹冠呈尖塔狀。其種子多由堅硬的鱗片包裹。台灣常見針葉樹包括：紅檜、台灣扁柏、台灣肖楠、台灣杉、香杉（巒大杉），合稱為台灣針葉五木。

分布位置：海拔 1500 ～ 2500 公尺

年均溫：10 ～ 20℃以上

年雨量：約 3000 毫米以上

檜木

台灣的檜木有兩種：紅檜與台灣扁柏，主要分布在 1,300 ～ 2,800 公尺的雲霧籠罩處。南部以紅檜為主，北部則多為台灣扁柏，但也有不少紅檜。台灣最著名的檜木巨木群包括：拉拉山巨木群、司馬庫斯巨木群與鎮西堡巨木群，其他尚有棲蘭山、阿里山、北插天山等巨木群。檜木的樹圍往往超過10公尺，樹齡多在 2,000 歲以上，是台灣最珍貴的林木寶藏。

針葉樹

闊葉樹

紅檜

柏科扁柏屬大喬木，俗名薄皮、松梧、松蘿。樹形多為直筒形，枝條上揚。樹皮薄而呈淡紅色，葉子是鱗片狀，先端較銳，葉背沒有白粉。毬果多為橢圓形、有環翅。

紅檜側枝末端的枝葉細密，有如一片網，能攔截空氣中漂浮的霧水。

紅檜。

台灣扁柏

柏科扁柏屬大喬木，俗名厚殼仔、黃檜、松蘿。樹形多為尖塔形，枝條下垂。樹皮厚、溝裂較深，葉為鱗片狀，先端較鈍，葉背有白粉。毬果呈圓球形，不具環翅。

扁柏毬果為圓球形，由盾狀果鱗所組成，果鱗內具有種子。

扁柏。

雲葉

昆欄樹科昆欄樹屬，又稱昆欄樹、山車，全世界只有日本、琉球與台灣有。雲葉最特殊之處在於：屬於會開花的顯花植物，卻沒有顯花植物所具備的導管，僅維持原始狀態的管胞，而且花也不具有一般被子植物常有的花被與花萼。

屬第三紀孑遺植物的雲葉，主要分布於全台雲霧帶，常與紅檜、台灣扁柏伴生。由於雲葉的葉子常叢生於枝端，枝幹層狀排列，樹型優美，加上身處雲霧帶，更增添迷離之美。

在陽明山海拔 600 公尺處的硫磺溫泉地帶與竹子湖一帶，也有相當多的雲葉數量，形成塊狀純林，是陽明山極具代表性的景觀之一。

雲葉，又稱「昆欄樹」，昆欄樹科昆欄樹屬植物，為雲霧林的代表樹種之一。

冷溫帶針葉林

又稱鐵杉林帶。位於高海拔地帶，樹種以台灣雲杉、台灣鐵杉為主，也可見台灣華山松、台灣二葉松等，林下植物包括台灣馬醉木、玉山假沙梨、紅毛杜鵑等。本區較常受到火災或侵蝕作用的影響，因此也會出現演替初期的植物，例如台灣赤楊及玉山箭竹。

台灣鐵杉

在針葉樹材中，鐵杉的材質最堅硬，因而得名。台灣鐵杉主要分布於海拔 2,000 ～ 3,500 公尺的寒溼山區，在霧林帶之上，雪線之下，上界與台灣冷杉交會，下界與檜木、闊葉林交會，是台灣針葉樹材蓄積量最多的樹種。台灣鐵杉成熟的樹皮上有一片片不規則狀的雲母片狀紋路，樹冠成傘狀，枝幹分岔、彎曲多變，十分容易與冷杉、台灣雲杉區分。全世界僅美國北部、日本、大陸西南與台灣可以見到鐵杉。

分布位置：海拔 2500 ～ 3000 公尺

年均溫：15 ～ 18℃

年雨量：約 3500 毫米

臺灣鐵杉樹形蒼勁，且能於懸崖峭壁上生長，十分吸睛。圖中的鐵杉即為武陵四秀「池有名樹」。

台灣雲杉

樹幹筆直挺立，外型優美。多生長在土壤深厚且較潮溼的區域，並且常與鐵杉、台灣華山松等混生。

雲杉

鐵杉

台灣有哪些原生種松樹？

　　包括一束五針的台灣華山松與台灣五葉松，以及一束兩針的台灣二葉松與馬尾松，共計 4 種。除了可以通過針葉辨別種類，也可以從毬果尺寸和外型來分辨。例如台灣二葉松的毬果較小，約 6 至 7 公分長；台灣華山松的毬果較大，約 8 至 14 公分，具有肥厚的果鱗。此外華山松的種子無翅，不像其他松樹藉由風力傳播，而是透過高海拔的星鴉散播。

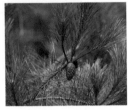
台灣二葉松為國內分布最廣的松屬植物，常於火燒或崩塌後的地區形成純林。

華山松毬果內的種子成熟後，常可吸引星鴉前來啄取，並在搬運及儲藏的過程中獲得發芽的機會。

白木林

白木林，後方伴有冷杉林與葉子轉紅的巒大花楸。

多由台灣冷杉與台灣鐵杉經火燃燒後造成的，起火原因主要是閃電引火。台灣冷杉與台灣鐵杉的樹葉富含豐富油脂，又屬輕型燃料物質，容易燃燒；樹幹則為重型燃料物質，也有油脂，但因含水量高，不易燃燒。在歷經火燒後殘留的樹幹，歷經風吹、雨打、雪害等剝蝕，使得焦黑的外皮逐漸剝落，僅剩內裡的枯材。因高海拔寒冷地區枯木分解速度比較慢，加上長期受到強烈紫外線照射，便形成在低海拔區不易見到的白木林景觀。

花形有如白色小鈴鐺的台灣馬醉木，是冷溫帶針葉林林下常見的植物。

玉山假沙梨多生長在中、高海拔地區，特徵是會結出紅色的果實。

亞高山針葉林

又稱冷杉林帶。位於高海拔地帶，氣候乾燥、寒冷，樹種以台灣冷杉為主，林下常見玉山箭竹、玉山龍膽與高山白珠樹等。冷杉林是台灣海拔最高的森林，其分布的上限形成一道天然的森林界線。

台灣冷杉

主要分布於海拔 2,800 ～ 3,600 公尺山區，是台灣高山森林的特殊美景之一，常形成大面積的純林，如雪山主峰東側的黑森林。台灣冷杉屬於常綠針葉喬木，樹皮多呈鱗片剝落狀，樹幹枝條呈水平展開，葉片則為闊線形的針葉。花朵型態為雌雄同株，每年 5 到 6 月間開花，8 至 9 月毬果陸續成熟。

分布位置：海拔約 3000 ～ 3500 公尺
年均溫：8 ～ 11℃以上

冷杉雄毬花為金黃色，呈下垂狀，成熟時可製造大量花粉。

冷杉雌毬花為紫紅色，呈上舉狀，方便接收隨風力傳播而來的花粉。

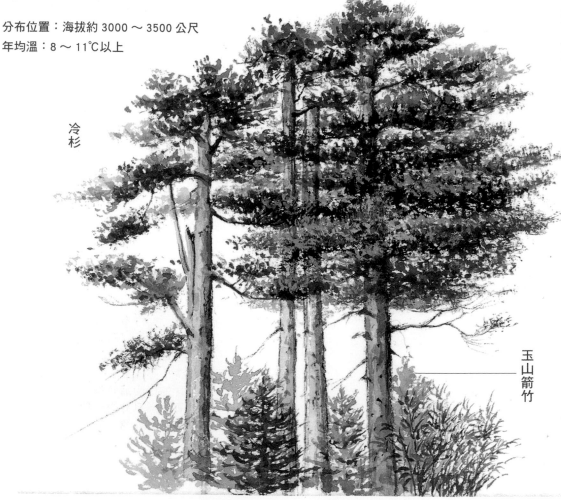

冷杉

玉山箭竹

箭竹林（草原）

冷杉林

連綿的玉山箭竹形塑高海拔壯麗的草原景觀，而鑲嵌在草原裡的台灣冷杉純林則與箭竹形成明顯的森林界線。

玉山箭竹

玉山箭竹強韌且深埋的地下莖脈，能在大火後的貧瘠土壤迅速生長，是台灣高山地區重要的先驅植物。

玉山箭竹與台灣冷杉共存的樣貌，是台灣高海拔常見的景象。

森林界線

在高海拔地區，受到氣候與影響，尤其是低溫、強風、裸岩多、土壤含石率高，使多數林木的發展受到限制，無法形成森林。此處多形成矮盤灌叢或草原，與森林鄰接處稱作「森林界線」。在台灣高山上，常可見到成片的玉山箭竹林與台灣冷杉，有混生但也有截然可分的現象，通常玉山箭竹林在台灣冷杉林的上方，形成明顯的森林界線。

高山寒原

又稱為高山植物群帶或亞寒帶。位於海拔 3,500 公尺以上的高山稜線，因環境條件惡劣，植群多為低矮灌木及草本植物，如玉山圓柏、玉山杜鵑、高山芒草，以及在大雪覆蓋後仍能生存的南湖柳葉菜等。

玉山圓柏

又稱為香柏、香青，是台灣高山地區常見樹木，分布在 3,000 ～ 4,000 公尺的高山稜脊，比作為台灣森林界線的冷杉還高。由於生長環境的土壤淺薄、養分貧瘠、風大，加上早晚溫差大，玉山圓柏多呈低矮匍匐灌木狀，與玉山杜鵑、川山氏忍冬等高山灌木混生。生長於迎風面的玉山圓柏常呈矮盤灌叢之姿，但若生長在背風面的冰斗狀谷地或鞍部，則可形成高大的喬木，是非常能屈能伸的樹種。

玉山圓柏分布地點

由於生長環境惡劣，玉山圓柏很少形成大面積鬱閉森林，成林的玉山圓柏主要分布於雪山的翠池、南湖大山圈谷、秀姑巒山、馬博拉斯山附近谷地或鞍部。其中雪山翠池周圍的玉山圓柏林已劃為雪霸自然保護區範圍。

玉山杜鵑

耐強風冬雪的嚴酷環境，是台灣生長海拔最高的杜鵑花。

南湖柳葉菜

碎石坡上的草本植物，根深埋地底，不畏嚴酷氣候，能在惡劣的環境中生存。每年春末夏初從碎石間抽出嫩芽，植株嬌小，僅高約 3 至 8 公分，待 7 月時會綻放紫紅色的巨大花朵，為碎石、崩塌地點綴繽紛色彩。因南湖柳葉菜族群稀少，是文資法公告的珍貴稀有植物。

南湖大山上的高山寒原，許多灌叢狀的玉山圓柏散生於箭竹草原中。

在台灣高山的森林界線上，偶爾會看到弓著背、彎著身軀，傲然獨立於強風中的樹木，這就是有台灣高山岩原中有忍者之稱的玉山圓柏。

玉山杜鵑。

南湖柳葉菜嬌小的植株會綻放巨大的桃色花朵，為夏季的高山增添一道鮮豔的色彩。

分布位置：海拔 3,500 公尺以上
年均溫：8°C以下
年雨量：約 2,800 毫米

玉山圓柏

玉山杜鵑

森林的形成與演替

森林的形成是經由演替而來。一開始是由一塊沒有生物的裸地，由先驅植物進入，經過一段時間後又被其他植群替代，經過一連串的演化，達到生物群落與環境相互適應的極盛相狀態。森林的演替可分為初級演替和次級演替。

初級演替

在崩塌地、沖積平原、或是新生地等沒有受過任何生物占據的地方開始，由先驅植物先侵入，經過一段時間後又被其他植群替代，經過一連串的演替，達到生物群落與環境相互適應的平衡狀態。

次級演替

發生於原生群落遭受到自然或人為的破壞，如砍伐、火燒、放牧、病蟲害或其他自然災害的作用下，使得群落退化到荒地狀態，重新開始一連串的演替過程。

先驅植物

在一片完全沒有植物的地區，例如崩塌地、被大火焚毀的林地、自然災害造成的荒漠，或人為過度開墾後形成的空地上，由地衣、苔蘚、禾科草本植物或喜好陽光的陽性樹種，先行侵入，成為先驅性的植物群落，這些植物被稱為「先驅植物」。

這個階段是生態演替的「先鋒期」，等到先驅植物將惡劣的環境改善後，慢慢進入較高等木本植物移入的「過渡期」，其後當植群種子可以在濃蔭的林地下萌芽生長，就表示達到「極盛相期」。

當森林演替到成熟的階段，植物的組成會越來越複雜。

台灣常見先驅植物

包括大部分的禾本科草本植物、地衣、苔蘚，以及台灣二葉松、台灣五葉松、台灣赤楊、山黃麻、野桐、血桐、白匏子、玉山箭竹等。

山黃麻，大麻科山黃麻屬植物，為平地至低海拔常見的先驅植物。

台灣赤楊是常見的先驅植物，多生長在
陽光充足的崩塌地或次生林中。

❶ 因自然因素、人為開墾或火災
　致使土壤裸露。
❷ 低矮禾本科草本植物首先進駐。
❸ 小型灌木出現於草本植物中。
❹ 陽性樹種（又稱先驅植物或先鋒
　林）出現。
❺ 陽性樹種逐漸茂盛，使得林間日
　照不足，部分植物被耐蔭性樹種
　取代。
❻ 當森林演替達到成熟階段，樹種
　多樣性增加，森林的垂直結構也
　變得複雜。

35

森林的垂直結構

又稱為「林分結構」。天然林由於植物出現的時間不一，再加上氣候等因素影響，使植物的大小與高度出現差異，這些差異也會對生存其中的動物造成影響。原始森林的垂直分層現象在熱帶及暖溫帶森林最明顯。人工林的分層結構則相對單純。

突出層

是熱帶雨林特有的現象，高度多半超過 30 公尺。由於突出層直接受陽光曝曬和強風吹襲，缺乏保護，因此完全生活在此的生物並不多。

樹冠層

由緊密的樹木及枝條構成，是森林行光合作用的主要場所。樹冠層裡經常有許多附生植物、藤本植物以及各種樹棲動物，物種多樣性相當豐富。

中間層

位於樹冠層下方，由較低矮的喬木及小樹苗組成，其樹冠會盡可能伸展至林冠的空隙，以接收更多的陽光。

灌木層

由木本的小灌木組成，高度多在 2 公尺以下。

地被層（草本層）

主要由耐蔭的草本植物組成。

多層次結構有利涵養水源

森林的多層次結構，可以讓雨水慢慢由樹葉流經枝條、樹幹，再進入地表被土壤吸收。如此一來，不僅附生植物藉此獲得水分，也可以避免直接沖刷土壤、造成表土流失，也可涵養水源、蓄積水源。

台灣森林型相的垂直分布

森林土壤

土壤是孕育森林最重要的元素。營養豐富的土壤，是經由分解者分解而來的有機物，與位於森林土壤層最下方、由岩盤或火山灰風化而成的土壤相互混合而成，也是維繫森林食物鏈運作的泉源。在森林的土壤裡，有許多小生物，如蚯蚓、馬陸、螞蟻等，或是小到看不見的菌類等微生物，這些生物正是形成森林豐富土壤最重要的分解者。透過這些分解者，可以迅速將森林中林木產生的大量枯枝落葉與動物遺體、排泄物等快速分解，成為土壤養分以滋養林木，創造出健康的森林生態系。因此，這些分解者，可視為自然肥料的製造者，有了牠們，就能提供森林的土壤源源不絕的養分，不需要另外施肥。

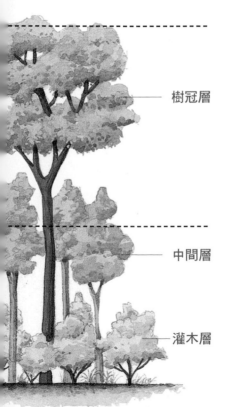

突出層

樹冠層

中間層

灌木層

地被層（草本層）

枯立倒木對森林有甚麼好處？

在森林中，許多野生動物仰賴森林中的樹洞，作為睡覺、休息、求偶、孵育的庇護所，如啄木鳥、貓頭鷹、蝙蝠、飛鼠等，這些野生動物賴以維生的樹洞，有些是活樹、有些則是枯立木。

根據研究調查，全世界森林中的枯立木被鳥類二次利用作為棲息巢穴的機率高達 50%，許多猛禽喜歡站在枯立木上展望捕食，蝙蝠喜歡棲息在樹皮的內洞中，因此，枯立木對於環境結構多樣化，與生態系的生物多樣性有著重要貢獻。此外，枯立倒木還有許多功能：

1. 保有相當溼度的枯立倒木，可以供給種子著床。
2. 倒木堆上的真菌與固氮菌可固定部分養分，促進植物養分吸收，真菌傳播的孢子有助於森林更新。
3. 倒木可以防止土壤流失等。

在森林的生態中，枯立倒木扮演養分循環者的角色，適度的保留枯立倒木，有助於森林生態系統的穩定。一般而言，枯立倒木數量比率通常應維持在 5 至 15%。

鴛鴦湖自然保留區保存大面積的檜木森林，在天然演替之下同時可見生立木、枯立木與枯倒木。

森林植物

第2章

樹木的年齡

最高的樹：台灣杉

開花植物

高山與海濱植物

落葉植物

蕨類植物

苔蘚與地衣

有毒植物

常見樹木疫病蟲害

專欄：真菌

樹木的年齡

樹木是組成森林最主要的生物，其壽命普遍較長，甚至可達百歲以上。推判樹木年齡的方式，可從樹的年輪得知，近年也有以科學儀器探測樹芯，以估算樹齡。

年輪

樹木藉著形成層細胞分裂而使樹幹逐年加粗，並因週期性的成長，在樹的橫斷面上，形成以髓心為中心同心圓的層次，稱為生長輪。

一圈春材加上一圈秋材，就是一環年輪，代表一年。在溫帶地區，四季分明，樹木通常一年只有一個生長週期，因此生長輪又稱為「年輪」，由年輪可以推算樹木的年齡。在熱帶地區因為四季氣候不明顯，樹木較少形成年輪，但還是有生長輪。

紅檜。1996 年時林務局公布台灣十大神木，其中最長壽的的樹木是位於嘉義阿里山區的水山紅檜神木，年齡約 2,700 歲。但後來科學研究團隊以生長椎鑽取樹芯，並利用最新儀器探測，重新推估其年齡為 1,081 歲。

春材

春天時因氣溫較高，光合作用旺盛，水分充足，細胞分裂快速，產生的細胞較大、細胞壁較薄，顏色淡，稱為春材。

秋材

秋天氣轉為溫低，乾旱，細胞生長趨緩，形成細胞較小且顏色較深，稱為秋材；冬天則停止生長，生長輪清晰可見。

樹幹的構造

支持樹體的樹幹，最外側為樹皮，內側是木材，中心為髓心。在樹皮和木材間有肉眼不可見的形成層細胞，分裂增生後分化為木質部與韌皮部，使樹木不斷加粗茁壯。

心材

樹幹中心顏色較深的部分為心材，因木質部漸死、變硬，喪失輸送水分與礦物質的功能，成為堅硬的骨架，只具支持作用。心材通常包含鞣質，或有芳香，質地堅硬，較能抗腐蝕，是構成木材的主要部分。

邊材

樹幹外圍顏色較淺的部分為邊材，質地較軟，為活細胞，具有輸導的功能。每個生長週期都有一或多層邊材細胞轉變成心材。

樹木的壽命

樹木的壽命遠比人類長，超過百歲以上的樹比比皆是。例如杏樹、柿樹可以活上100 年；柑、橘、板栗則可活到 300 歲；美洲杉可高達上千歲；台灣的紅檜可活到3,000 歲；紅杉、猴麵包樹、澳洲桉樹可

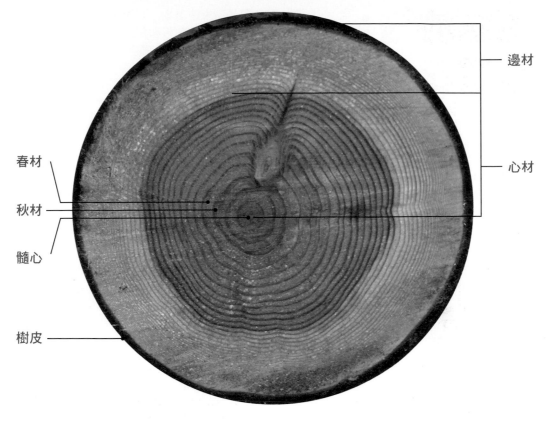

邊材

心材

春材

秋材

髓心

樹皮

柳杉樹幹橫切面。透過閱讀年輪，我們得以探究樹木的生長歷程。

以活到 4,000 多歲；美國加州與內華達州的赤果松有活到 5,000 歲的紀錄。

世界最長壽的樹木

2008 年科學家發現，一棵位於瑞典山區的雲杉「Old Tjikko」，經美國佛羅里達州邁阿密實驗室對樹進行碳成分分析後，確認樹齡高達 9,550 歲，一舉刷新之前由北美地區赤果松所保持的 5,000 歲紀錄，也改寫了北歐地區的氣候史。

台東蘇鐵的年齡

台東蘇鐵的年齡估算與一般樹木不同，其外顯特徵是隱藏在主幹上一環一環的成長痕跡，大約每年脫落一環的樹葉，每一環代表一歲，因此年齡越大，主幹就越長。

台東蘇鐵

最高的樹：台灣杉

台灣杉是台灣最高大的喬木，也是全世界唯一以台灣當屬名的植物，與銀杏、水杉和美洲世界爺同列為世界古老珍寶，因此也有人稱台灣杉為「台灣爺」。

名稱由來

台灣杉是 1906 年由日本植物學家命名發表的樹種，其學名是屬名「Taiwania」，加上種小名「cryptomerioides」，後者意思是與柳杉類似。台灣杉屬北方物種，歷經多次冰河災難，於一萬多年前最後一次冰河北退時，遷往台灣高山。在台灣海拔 1,500～2,500 公尺的高山檜木林帶，遺留許多第三紀孑遺物種，台灣杉是其中之一。目前最大的原生族群位於台東、屏東交界處的雙鬼湖附近，形成巨木群。

東亞第一高樹

台灣杉屬常綠大喬木，樹幹筆直，高度可達 50 公尺以上。大安溪上游的台灣杉巨木「卡阿郎巨木」，經實測證實高度達 82 公尺，是目前台灣最高的樹，也是東亞最高的樹。

撞到月亮的樹

位於雙鬼湖區域的台灣杉巨木林，是魯凱族的傳統生活領域。過去部落族人會爬上台灣杉，摘取攀附在樹上的的愛玉子果實，由於台灣杉高聳入雲，彷彿可以和月亮打招呼，因此魯凱族人稱其為「撞到月亮的樹」。

台灣杉

銀杏：樹木活化石

　　銀杏起源於 2 億 7,000 萬年前古生代石碳紀晚期，歷經 1 億年的演化過程，昌盛於中生代的侏羅紀，形體幾乎沒有改變，充滿旺盛的生命力，因而有「活化石」之稱。全世界僅有一科一屬一種的銀杏樹又稱公孫樹，生長緩慢而長壽，樹齡可達 3,000 年。銀杏樹果實的種仁即俗稱的白果，可以作為中藥材。

銀杏。

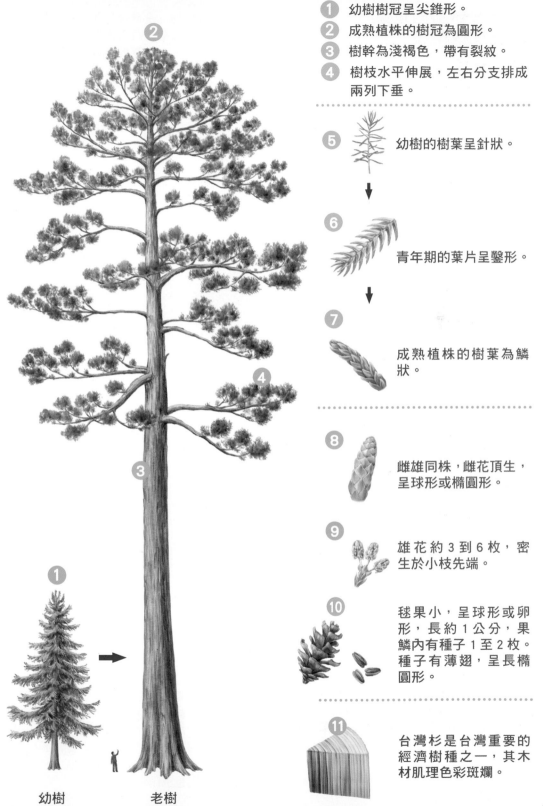

① 幼樹樹冠呈尖錐形。

② 成熟植株的樹冠為圓形。

③ 樹幹為淺褐色，帶有裂紋。

④ 樹枝水平伸展，左右分支排成兩列下垂。

⑤ 幼樹的樹葉呈針狀。

⑥ 青年期的葉片呈鑿形。

⑦ 成熟植株的樹葉為鱗狀。

⑧ 雌雄同株，雌花頂生，呈球形或橢圓形。

⑨ 雄花約 3 到 6 枚，密生於小枝先端。

⑩ 毬果小，呈球形或卵形，長約 1 公分，果鱗內有種子 1 至 2 枚。種子有薄翅，呈長橢圓形。

⑪ 台灣杉是台灣重要的經濟樹種之一，其木材肌理色彩斑斕。

幼樹　　　　老樹

43

開花植物

又稱顯花植物、被子植物，是現今植物界分布最廣也最繁盛的類群。最主要的特徵是具有由花萼、花冠、雄蕊和雌蕊所組成的真正的花。台灣因特殊的地理環境與多變的氣候，演化出豐富的原生植物，其中包含許多擁有美麗花朵、極具觀賞價值的開花植物。

台灣原生百合

台灣有 4 種原生百合，包括細葉卷丹、艷紅鹿子百合、鐵炮百合與台灣百合。

台灣百合別名福爾摩沙百合或高砂百合，潔白、略帶紅暈，廣布全島，多生長在灌木草叢、草原或岩壁縫隙，極耐惡劣環境，從平地到高山皆可見其蹤跡。

台灣百合

霧社櫻為台灣原生特有種。

台灣原生櫻花

台灣原生櫻花包括：布氏稠李、台灣稠李、山櫻花、蘭嶼野櫻花、墨點櫻桃、冬青葉桃仁、刺葉桂櫻、圓果刺葉桂櫻、黃土樹、霧社櫻、阿里山櫻、白花山櫻、太平山櫻。其中以山櫻花最常見，太平山櫻、霧社櫻與阿里山櫻較珍貴，具觀賞價值；蘭嶼野櫻花則瀕臨絕滅。

台灣原生杜鵑

台灣特殊地理位置與地貌，以及變化萬千的氣候，衍生出 17 種原生杜鵑花，其中 13 種為台灣特有種。17 種原生杜鵑花為：南澳杜鵑（埔里杜鵑）、棲蘭山杜鵑、台灣杜鵑、南湖杜鵑、烏來杜鵑、著生杜鵑、西施花、守城滿山紅、細葉杜鵑、金毛杜鵑、長卵葉馬銀花、馬銀花、玉山杜鵑（森氏杜鵑、紅星杜鵑）、紅毛杜鵑、台灣高山杜鵑、唐杜鵑、丁香杜鵑。其中，最早開花的是南澳杜鵑，唯一開黃花的是著生杜鵑，金毛杜鵑族群數量最多，分布海拔最高的則是玉山杜鵑。

台灣一葉蘭

享譽國際的台灣一葉蘭,多生長在中高海拔的霧林帶,附生於苔蘚茂盛的潮濕岩壁或樹幹上。植株小巧,但會開出大而艷麗的花朵。具有假球莖,一球只會長出一至兩片葉子,通常也只會開一朵花。較常見的花色有粉紅、淺紫色,白色較稀少。

台灣一葉蘭有兩種繁殖方式,一種是有性繁殖,利用種子傳播,並開花結果;另一種是無性繁殖,利用假球莖增生。在生長過程中,花朵和幼葉一起成長,等到花謝後,葉子才會迅速成熟。

假球莖

紅毛杜鵑,生長於中、高海拔的灌木型杜鵑,花朵粉紅至紫紅色。

玉山杜鵑,可視生長環境不同而呈現喬木或灌木姿態。花色富有變化,粉紅色最多見。

黃花著生杜鵑為台灣杜鵑花屬植物中唯一的附生型杜鵑,也是唯一開黃色花的杜鵑。由於數量稀少,為許多賞花者心目中的夢幻逸品。

高山與
海濱植物

高山與海濱地區環境各異,但皆因惡劣的生長條件,使這兩地的植物各自演化出相似的特徵。在高山上常見的植物,包括玉山金絲桃、玉山薄雪草、虎杖等;海濱則有馬鞍藤、濱刺麥、蔓荊、黃槿、白水木、草海桐等。

趨同演化

高山與海濱地區,在氣候與地理條件上都極端不理想、土地貧瘠、缺乏水分、風力強勁,氣候不是極冷、就是極熱。因此,生長在這些地方的植物,為了適應惡劣的環境,在型態演化上,會朝著相同的方向進行,稱為「趨同演化」。

花朵色澤鮮豔

高山與海濱地區因為日照強烈,陽光中的紫外線過強,使生長在這兩種地形中的植物會製造、累積大量的花青素,以反射過強的紫外線或其他有害光線,在花色上便容易顯出紫、黃、紅等鮮豔的色彩。高山與海濱地區適合植物生長的時間短,開花期集中,也容易讓人覺得高山與海濱植物的花開得特別美。

葉片與根系

葉片表面具有較厚的蠟質、密毛,或葉緣反捲以降低水分的蒸散。地下根系較為粗大,以度過惡劣氣候。植株身型低矮以抗強風,並將根系盡可能的往四方伸展,趁著降雨時大量吸收水分,或是將根系往地下深處伸展,可以延長吸收到地下水的時間與空間。

常見高山植物

黑斑龍膽

　　具有鮮黃色、巨大的花朵,花冠內側有褐色的斑點,多生長在中高海拔地區的裸露地或岩屑地。

常見海濱植物

馬鞍藤

　　有「海濱花后」之稱。花朵大而鮮豔,葉形似馬鞍蔓生於沙灘上,因而得名。馬鞍藤的蔓莖生長時,每節都會生出不定根,深扎入土,具有防風定砂的作用。外觀與牽牛花相似,但是馬藤鞍多半是匍匐於地,牽牛花則會向上攀附生長。

玉山金絲桃

　　因金黃色的花瓣與桃形的果實而得名。植株矮小，匍匐貼地，只需要薄薄的土壤就可以生長，在中高海拔的岩壁、裸露地都可見。

虎杖

　　因莖部有紫紅色的斑點，與虎斑相似，加上莖節如手杖，因而得名。7 到 9 月時會開粉紅色的花朵。在台灣中高海拔的山區皆有機會觀賞。

濱刺麥

　　成群生長在砂丘上的草本植物，通常是海灘沙堆的先驅植物之一，具有狀似刺蝟的的果實。

蔓荊

　　能適應強風、乾旱，多在海濱的沙灘、石礫堆與岩縫裡，匍匐生長成一大片。春夏時會綻放淡紫色的小花。因抓地力強，是良好的定砂植物。

落葉植物

指會隨季節、氣候變化而使葉片顏色轉變的植物。落葉植物主要生長於溫帶地區，位處低緯的台灣，由於高山地形多，因此也孕育出許多種會變色的落葉植物。

台灣常見落葉植物

屬亞熱帶的台灣，至少有 34 種以上的落葉植物，主要分布於全島中、高海拔地區，其中楓香與台灣山毛櫸有大面積純林，青楓、台灣紅榨槭、山漆最常見。此外還包括青楓、無患子、九芎、黃連木、台灣欒樹、欖仁、山櫻花、台灣櫸、烏桕、白桕、木油桐、大花紫薇、巒大花楸、玉山假沙梨、刺蔥、山鹽青、杜英、薯豆、栓皮櫟、南燭等。

樹葉變色原理

植物的葉綠體是澱粉的製造工廠，葉綠體利用光合作用，將水、二氧化碳轉變成澱粉，輸送到植物的各個部分。葉綠體內的色素包括葉綠素 A、葉綠素 B、胡蘿蔔素、葉黃素等，其中葉綠素 A 與 B 佔 85% 以上，所以多數的樹葉會呈現綠色。春夏之際，葉子會大量製造葉綠素，到了秋天，由於白天的光度強，葉綠素加速分解，入夜後的低溫又減緩葉綠素的製造，使得殘存在葉綠體中的其他色素終於呈現出來。

黃葉與紅葉

當葉片中存留較多的是胡蘿蔔素或葉黃素時，葉子就會呈現金黃或黃色。等到秋末冬初，甚至寒流來襲時，植物運送養分的工作遭到阻礙，加上葉子到這時大多老化了，使得葉片裡的養分輸送更加困難，這時澱粉只好堆積在葉片中，將葉片原先的黃色素還原成紅色的花青素，等到葉綠素分解後，花青素就顯現出來，於是便形成紅葉。

台灣賞楓地點

台灣最佳賞楓的地點分布廣泛，若在秋天循著台灣中海拔稜線，經常有機會看到稜線、溪谷邊美麗的楓（槭），如馬拉邦山、三峽滿月圓、北橫石門水庫、三光一帶以青楓為主；中、南橫沿線以及大雪山森林遊樂區、阿里山至塔塔加的新中橫沿線，台灣紅榨槭最美；至於中橫的碧綠溪一帶楓的多樣性最高；奧萬大森林遊樂區與霞喀羅古道的整片楓香，更屬全台首屈一指。

中海拔的紅榨楓楓紅地毯，秋季限定。

槭、楓、楓香

許多人以「三楓五槭」，即楓香葉子為三裂、槭五裂，來作為辨認槭樹與楓樹的依據，但其實楓香的葉片偶爾也有五裂者，而槭樹有全緣、三、五裂至多數的奇數裂。因此要分辨「槭」、「楓」、「楓香」，可以從

北插天山有大面積的台灣山毛櫸純林。

果實和葉序來判斷。「楓香」屬金縷梅科植物，葉互生，果實為球狀的聚合果；而「楓」據考據其實就是「槭」，如青楓又名中原氏掌葉槭，屬槭樹科，葉對生，果實具雙翼翅果。

楓（槭），葉對生，果實為翅果。

楓香，葉互生，果實為球狀聚合果。

蕨類植物

蕨類是個古老的家族，早在三、四億年前，比恐龍更早的時代就已經出現，歷經地球環境的變遷，演化至今約有一萬多種，主要分布於熱帶與溫帶地區。由於蕨類植物大都生長在潮溼環境，因此又被視為潮溼環境的指標。

蕨類王國

台灣因特殊的地形與氣候條件，不但擁有古老的蕨類，還有許多熱帶、溫帶、甚至寒帶的蕨類與特有種，因而有「蕨類王國」稱號。台灣的蕨類植物將近 650 多種，其中特有種超過 60 種，稀有蕨類更高達 200 種以上，單位面積的蕨類種數密度高居世界之冠，使台灣成為研究和欣賞蕨類的天堂。

雙扇蕨葉子背面的孢子囊群。

台灣常見蕨類

包括在園藝中經常使用的腎蕨，以及羊齒、筆筒樹、台灣杪欏、鐵線蕨、鹿角蕨，作為美食佳餚的山蘇、過溝菜蕨，乃至於藥用的瓶爾小草、海金沙等，不勝其數。除此之外還有觀賞用的長葉腎蕨、觀音座蓮、芒萁、雙扇蕨、栗蕨、卷柏等。附生在樹上的蕨類如南洋山蘇花、台灣山蘇花、山蘇花、小膜蓋蕨與崖薑蕨等，亦十分壯觀。

蕨類植物繁殖方式

蕨類植物不開花也不結果，以孢子來繁殖後代，一般看到的是具根、莖的孢子體，屬無性生殖世代。在陰暗潮溼的環境中，孢子會萌發，生長成細小、綠色、心形的配子體，並以水為媒介，讓雌雄配子結合，產生的受精卵發育成孢子體，此為有性生殖世代。孢子體與配子體的輪替變化，稱為世代交替，是蕨類植物對抗不良環境的生存途徑。

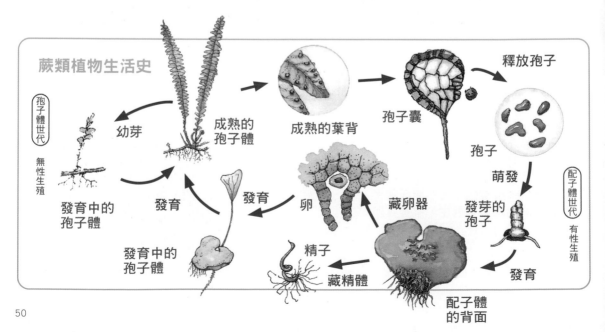

蕨類植物生活史

孢子體世代　無性生殖

配子體世代　有性生殖

幼芽　成熟的孢子體　成熟的葉背　孢子囊　釋放孢子　孢子　萌發　發芽的孢子　發育

發育中的孢子體　發育　發育　卵　藏卵器

發育中的孢子體　精子　藏精體　配子體的背面

滿江紅為浮水性的蕨類植物，生長於池沼、水田等靜水環境。

山蘇花

山蘇花為蕨類鐵角蕨科，屬於台灣原生種，廣泛分布於中、低海拔的原始林中。主要附生於樹幹與岩壁，整齊交疊排成一圈，葉片同時往外翻，宛如一朵盛開的綠色花朵，遠遠看去也像是築在樹幹上的鳥巢，因此又被稱為鳥巢羊齒或鳥巢蕨。由於葉片寬而長，而且帶有波浪狀，隨風擺盪時，有如老鷹展翅飛翔，民間也有人稱作喇翅葉。山蘇嫩葉是台灣知名的野菜，莖、葉具有消熱解毒、消腫的功能。

台灣的山蘇花共有 3 種：台灣山蘇、南洋山蘇與山蘇。

鐵角蕨，雖為山蘇花的近親，生長環境卻更加偏好冷涼的中、高海拔山區，常見於岩壁或石縫中。

小膜蓋蕨是中海拔常見的附生型蕨類，樹幹或石塊上皆可發現蹤影。秋冬季節葉片轉黃時十分亮眼。

51

台灣杪欏

- 樹幹可長到 5 至 10 公尺。
- 葉柄為褐色、帶刺。
- 老葉脫落後會垂在樹上，形成樹裙。
- 分布於台灣全島中、低海拔地區。

鬼杪欏

- 樹幹高約 2 公尺。
- 葉柄為暗褐色。
- 老葉脫落後會垂在樹上，形成樹裙。
- 多分布於台灣低海拔地區，在北部地區較常見。

筆筒樹

- 樹幹高達 10 公尺以上。
- 葉柄基部有金黃色毛鱗片。
- 老葉脫落後，會在樹上留下橢圓形葉痕，因形似蛇皮，又稱為蛇木。
- 莖幹上半部去髓乾燥後，可當作筆筒。
- 在台灣全島低海拔的向陽、潮溼地區常見。

台灣常見樹蕨

樹蕨是指具有明顯樹幹的蕨類，多為桫欏科植物，包括筆筒樹、台灣桫欏、鬼桫欏、台灣樹蕨等，大致分布於全島低海拔山區。

南洋桫欏

- 樹高可達 4 至 5 公尺。
- 葉柄褐色。
- 在台灣僅見於南部的浸水營。

蘭嶼桫欏

- 主莖高約 1 公尺。
- 葉柄褐色、帶短刺。
- 有樹裙。
- 在台灣主要分布於蘭嶼。

韓氏桫欏

- 高約 20 公分。
- 葉柄褐色。
- 有樹裙。
- 在台灣主要分布在陽明山。

台灣樹蕨

- 高約 30 至 50 公分。
- 主莖不明顯，多在地下。
- 有樹裙。
- 在台灣低海拔地區常見。

苔蘚與地衣

苔蘚、地衣是森林當中的先驅植物,也是森林生態系中重要的生物。苔蘚、地衣與腐植層具有促進土壤養分的功能,也能幫助森林的水土保持。

苔蘚

多生長於陰暗潮溼的環境,是陸生生態系中的小型植物。苔蘚類植物能分泌酸性物質溶解岩石表面,也能積聚空氣中的物質與水分,使岩石表面逐漸形成土壤,且因具有特強的吸水力,有助於水土保持。

苔蘚的用途

苔蘚類植物的葉為單細胞結構,容易吸入空氣中的汙染物,因此可以作為空氣汙染的指標植物。此外,泥炭苔可以作為肥料與增加沙土的吸水力,曬乾後可作為燃料;大金髮苔則可以入藥。

金髮苔,又稱土馬騣,是台灣全境皆可發現的美麗苔蘚。

泥炭苔多生長在山地濕潤地區或沼澤,是一種吸水力很強的苔蘚。

伏地而生的地錢,喜歡生長在潮溼、陰涼的地方。

地衣

地衣是地球上最古老、生長也最緩慢的植物之一,型態十分多樣,有葉狀、灌木狀以及最常見覆蓋在岩石表面的殼狀地衣。地衣是由真菌與藻類形成植物般的共生體,藻類生活在菌絲間,進行光合作用,製造真菌所需的食物。據估計,全球地衣的種類約有 1 萬 8,000 種。

腐植質層是什麼？有什麼功能？

　　苔蘚、地衣與腐植質層都有促進土壤養分的功能。腐植質層指的是土壤表層及其上層，是由森林中的有機物腐植化作用或礦質化作用分解而來，腐植物是土壤養分最重要的供給源，林木生長優良與否，與森林腐植質之分解狀態及生成量有關。

數種不同的地衣，常會混生於同一段枝幹上。

梅衣。

地衣的生長環境

屬原始型低等植物的地衣，在植物生態系中占有重要位置。因為在植物的演替過程中，地衣屬於先驅植物，地衣的菌絲可以穿透岩石，歷經多次膨脹及收縮作用後，導致岩石風化崩解成碎屑，與地衣化成土壤，使其他植物可以生長。地衣也能在最艱困的環境下生長，在其他植物都無法生存的極端氣候中，如南非那米比沙漠邊緣的貧瘠山坡，幾乎是寸草不生，卻發現有許多種地衣在此生長。

地衣的用途

可以提煉出各種抗生素、澱粉、蔗糖、酒精等，還可作為衣物染料、中藥材等。此外，由於地衣對空氣汙染十分敏感，因此可作為空氣汙染的指標。

有毒植物

位於亞熱帶的台灣，高等植物多達 4,000 多種，其中有毒植物約有數百種，以夾竹桃科、豆科、漆樹科、蕁麻科、百合科、天南星科、大戟科與蘿藦科等植物為主，大多分布於海邊、曠野及中低海拔山區等人類活動頻繁區。如海檬果、台東漆、姑婆芋等。

植物毒性的產生

有些植物為了防止動物食害，會在體內合成植物鹼、毒蛋白或有機酸等有毒化學物質，形成防禦機制。因為這些植物被碰觸或食用後會產生某種程度的傷害，因此被稱為「有毒植物」。有毒植物體內的有毒成分會隨著生長環境、季節以及部位的不同而改變，造成傷害的程度也因人而異，並沒有一定的認定標準。

姑婆芋

又稱山芋、觀音蓮、天荷，經常成片生長。葉片為革質、大而綠的心型狀，表面沒有絨毛、無法凝結水珠。姑婆芋的根、莖、葉皆有毒性，若不慎誤食，會引起口腔燒痛、噁心或嘔吐等中毒症狀。

姑婆芋為近郊常見的有毒植物，常被誤認為可食用的芋頭。

咬人狗植株乍看之下光滑無毛，實則具有引人過敏的燉毛，在野外可得多多留意。

咬人狗

咬人狗與咬人貓同屬蕁麻科植物，但外型有相當大的差異。咬人狗屬常綠小喬木，樹高可達 3 公尺，分布於中低海拔的森林中；樹幹灰白色、光滑，小枝粗壯，葉叢生在枝端。咬人狗的祕密武器在葉面、葉背、花序軸和果柄部，都長有燉毛。

咬人貓

屬多年生草本植物，高僅 70～120 公分，喜歡群聚生長，多數分布於中海拔的森林下層，祕密武器是全株布滿燉毛。燉毛是表皮細胞的突起，似針頭狀的刺毛，內含草酸與酒石酸，是一種構造極為巧妙的自動注射器。當皮膚不小心碰觸到燉毛時，囊內的酸液就由針頭小孔注入人體，引起疼痛灼熱的感覺，可持續數小時至一兩天之久。

蠍子草較咬人貓少見，外表則更顯「猙獰」。

蠍子草

與咬人貓相似，全株散生燉毛，誤觸時會使皮膚疼痛、發癢；不同的是，蠍子草的葉片呈 3 裂狀、葉緣為粗鋸齒型。

咬人貓的燉毛如同精巧的小針筒。

咬人貓全身上下布滿燉毛，傳遞出一種「生人勿近」的視覺訊號。

常見樹木疫病蟲害

在森林生態系中，昆蟲是林地演替的天然力量，但也可能造成植物的危害。在台灣，最常見的樹木疫病蟲害首推褐根病，佔全台樹木疫病蟲害數量一半以上。

台灣常見樹木疫病蟲害

褐根病是台灣樹木最常見的病害，最明顯的病徵是在接近地表的根部或主莖基部出現黃褐色的菌絲，罹患此病的樹木會黃化凋萎，甚至枯死。除此之外，還有靈芝根基腐、松材線蟲萎凋病、木材腐朽菌引起腐朽問題，以及白紋羽病、炭疽病、葉震病、潰瘍病、藻斑病、葉枯病、灰黴病等。

牛樟大喬木中空樹幹內的真菌。

倒木上的真菌。

介殼蟲與螞蟻之間存在互利共生的關係。

介殼蟲

介殼蟲是一種體型極微小的植食性昆蟲，多黏附在植物葉片背面或莖部吸食植物汁液，若大量繁殖會導致植物枯死。在介殼蟲附近容易看到螞蟻，因為螞蟻會吸食介殼蟲提供的蜜露，在採蜜的過程中還會將介殼蟲搬運至其他地方繁衍。防治介殼蟲的方法，除了移除蟲體、避免螞蟻叢生，以及使用酒精擦拭之外，也可以 44% 大滅松乳劑稀釋 1000 倍，加上稀釋 150 倍的 95% 礦物油混和後，噴灑於植物全株。為避免產生抗藥性，每隔十天施作一次，於好發季節，4 到 6 及 9 到 10 月期間施作 4 次，就能產生防治效果。

松樹枯死的原因

松綠葉蜂、松毛蟲、松象鼻蟲、松天牛類等都是造成松樹枯死的原因，其中又以松天牛類中，由松斑天牛媒介的松材線蟲對松樹危害最大，一旦遭到感染，很容易造成松樹的大量死亡。

樟樹天敵

可能對樟樹造成危害的昆蟲多達 50 餘種，包括：台灣大蟋蟀、油桐大椿象、黃斑椿象、樟木蝨、紫膠介殼蟲、樟白介殼蟲、台灣白蟻、茶捲葉蛾、樟青尺蠖蛾、樟紅天牛、台灣一字金花蟲、樟根象鼻蟲、黑尾小蠹蟲、樟葉蜂、樟蝙蝠蛾、台灣長尾水青蛾、皇蛾、雙黑目天蠶蛾、斑鳳蝶、白腳小避債蛾、樟細蛾等等。

森林中的樟樹，為何較少介殼蟲危害？

森林中的樟樹林若發展健全，生長環境會呈現較為鬱閉狀態，加上樟樹本身富含樟腦精油及溼氣，對昆蟲有驅避的功效，若林中擁有豐富的其他蛉、螢類昆蟲或寄生性小蜂，食物鏈增長，也會抑制介殼蟲的數量，使森林中的樟樹，較少受到介殼蟲的危害。反觀行道樹的樟樹因為位處空氣較為混濁的環境，干擾又大，不利於捕食昆蟲之生息，而介殼蟲頑強，反倒可以適應人為改變的環境。

都市近郊的老樟樹，因遠離森林而面對較沉重的生存壓力，有賴在地居民關懷與照護。

刺桐

台東蘇鐵的危機

台灣特有的台東蘇鐵是在侏儸紀之前就存在的活化石，屬台灣特有珍貴植物。除了人為盜伐，台東蘇鐵面臨最大的危機是來自泰國、緬甸的蘇鐵白輪盾介殼蟲的入侵，造成台東蘇鐵死亡或生長受阻。大量的介殼蟲會躲藏在葉片基部、葉軸，被感染的植物表面彷彿鋪上一層白色的殼狀物，極為醒目。白輪盾介殼蟲吸食植物汁液，導致葉片黃化枯萎、脫落，根瘤被蝕空等情形，情況嚴重時造成全株枯死。

珍貴的台東蘇鐵。

筆筒樹為樹狀蕨類，其價值值得我們細心呵護。

筆筒樹的病源

曾被列為華盛頓公約組織第二類保育植物的台灣古老植物筆筒樹，早先幾乎沒有病害發生。但從 2010 年起，陸續發現筆筒樹大量死亡，在調查中篩檢出病源可能來自 7 種真菌以及 2 種細菌。經反覆接種試驗，其中一種子囊菌（*Cryptodiporthe sp.*）枯萎死亡率達 83%，被判定為最可能的致病源。

刺桐的枯萎

刺桐主要分布在熱帶亞洲、非洲及太平洋洲諸島的珊瑚礁海岸，或靠海岸的內陸。刺桐植株強健，少病害的特性，成為平地行道樹的熱門樹種。2003 年新加坡首度傳出刺桐飽受某種癭蜂危害；2004 年台灣陸續在台東、台南、高雄也發現同樣的疫情，最後證實造成刺桐枯萎的昆蟲為刺桐釉小蜂（*Quadrastichus erythrinae Kim*）。

刺桐釉小蜂體型微小，肉眼觀察不易，取食的專一性很高，只侵襲刺桐屬的樹木，且蔓延的速度迅速，在全台包含離島的刺桐樹上，幾乎都可找到這種昆蟲的蹤跡。

遭受刺桐釉小蜂危害的刺桐，病徵主要出現在新生枝條、葉柄、葉脈，甚至葉肉上。刺桐遭感染後，多數會產生落葉現象，當葉片掉落後，新生組織仍會不斷被感染。感染嚴重的植株，易被其他昆蟲或真菌二次入侵。台灣罹害最嚴重的包括刺桐及黃脈刺桐等，受害較輕微的包括珊瑚刺桐、雞冠刺桐、毛刺桐、馬提羅亞刺桐等。

真菌

真菌種類繁多，大小不一。在森林中扮演分解者角色，可說是地球的清道夫。

生存方式

真菌無法自行製造養分，必須以腐生、寄生或共生的方式，取得所需的營養。例如：

1. 腐生：參與生物遺骸或有機物質的分解，加速大自然物質的循環生存利用，如木材腐朽菌、糞生菌。

2. 寄生：生存於活的樹木而造成病害，如靈芝寄生於樹木上。

3. 共生：與其他類生物之間形成共生關係，對彼此皆有利，如長在樹木根部的松露。

鮮豔的菇類

一般人常誤以為顏色越鮮豔的菇類就越毒，但事實是，毒菇不一定鮮豔，而鮮豔的菇類也不一定有毒。許多毒菇外型、顏色平淡無奇，與可食用的菇類十分接近，連專業的研究人員也必須藉助精密的科學

黃裙竹蓀與枯葉蝶。

儀器才能判別。若誤食有毒蕈菇，輕則嘔吐、腹瀉、產生幻覺，造成身體損傷，重則致死，因此千萬不要隨意摘食野生來路不明的菇類。

森林中最大型的真菌

台灣森林中型野生真菌大多為擔子菌，如蕈類的草菇、洋菇、香菇、木耳，或子囊菌，如酵母菌、羊肚菌。擔子菌能夠產生有性孢子，也就是擔孢子，組成菌體的菌絲有明顯的隔板，部分是可食真菌，但有部分含劇毒。子囊菌則是真菌中最大的一群，除酵母菌外多數為腐生，在行有性生殖時，有子囊形成，因而得名，是生態系中重要的分解者。

牛樟芝

牛樟芝，簡稱樟芝，為多孔菌的一種，貼生於台灣特有的牛樟樹樹幹中空的內面，性喜潮溼陰暗。屬多年生，產生有性孢子的多孔狀子實層面，典型者為橙紅色或橘黃色。子實體初為扁平形，隨著時間的增長加厚，且其邊緣捲曲而脫離樹幹，捲曲的背子實層面呈黑褐色。牛樟芝屬台灣特有真菌，且為獨特珍貴的中藥材。在民間的經驗中，牛樟芝可以解毒、抗癌、解酒、消炎等功能，有許多學術研究單位投入研究開發。

牛樟芝具有飽滿的橙紅色澤，因其外觀與功能，獲得「森林紅寶石」美稱。牛樟樹中空樹幹內的木材腐朽菌，紅色的部分為牛樟芝菌絲體。

最常培育出真菌的樹木

不同的林地會培育出不同型態的真菌。例如：

1 山毛櫸和樺樹的酸性泥煤土壤以及砂質的松樹林地中多半為菌根真菌，如牛肝菌、口蘑以及紅菇。

2 梣樹為主的鹼性土壤大多是非菌根真菌的天下，如環柄菇。

3 松露則喜與殼斗科中的櫟樹或橡樹共生。

4 靈芝常見於相思樹的腐幹基部。

5 牛樟芝則生長在牛樟樹樹幹中空的內面。

森林動物

第3章

野生動物
哺乳類動物
鳥類
雉科鳥類
猛禽
兩棲與爬蟲類動物
昆蟲
蝴蝶
螢火蟲

野生動物

對地球各種生態環境而言，森林提供穩定的生存環境，因此成為野生動物最佳的棲息家園。而台灣的森林因海拔高低形成不同的森林植群帶，為野生動物提供豐富多樣的棲息環境。一旦森林植群改變或消失，也會使動物的種類與數量受到影響。

森林與動物的連動關係

野生動物的分布涉及許多因素，包括氣候、植群、地況，與其他動物等因子的影響。野生動物會依據其需求選擇適合的森林作為棲地，森林則提供野生動物基本生存所需，如食物、遮蔽、水、活動空間等。若森林能充分且穩定的提供棲息條件，野生動物就能穩定的生存與繁衍。

森林植群的改變或消失，會連帶使棲息其中的動物種類與數量隨之改變。例如，扮演供給者角色的森林，其中一種植物的消失，可能會導致以此植物為主食的初級消費者減少，並連帶引發以此初級消費者物種為主食的第二級消費者數量也隨之減少，而使原先平衡的食物鏈面臨重大改變。

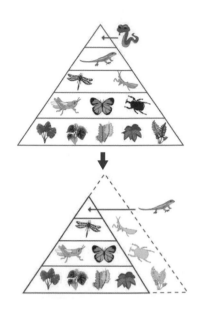

從絕跡到重生的梅花鹿

梅花鹿是台灣最具代表性的野生動物。早期，梅花鹿在台灣很常見，普遍分布於平地與低海拔丘陵，與台灣的文化、歷史、經濟有著密不可分的關係。早期平埔族人仰賴梅花鹿肉、鹿皮、鹿脂維生，17 世紀荷蘭人占領台灣後開始從事鹿皮貿易，全盛時期一年可以生產 10 萬張以上的鹿皮，成為當時重要的經濟產業。但也由於過度濫捕以及開發，導致棲地遭到破壞，梅花鹿的數量逐年減少。1969 年，台灣最後一隻野生梅花鹿在台灣東部死亡，一度滅絕。直到 1984 年，在墾丁國家公園成功復育並野放。

梅花鹿曾是台灣平原野地最具代表性的哺乳動物之一。

多樣的森林植群與豐富的物種

哺乳類

台灣水鹿,因具有明顯的眼下腺,因此又稱為「四目鹿」,多生長在海拔 300 至 3,000 公尺的原始森林,以嫩草或樹葉為主。

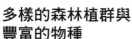

台灣小黃鼠狼,多出現在高海拔的箭竹原,體型嬌小,身體長度約 16 至 20 公分,過去經常被誤以為是黃鼠狼幼狼,後來證實為台灣特有亞種。

兩棲爬蟲類

雪山草蜥是台灣特有種,成體軀幹不含尾巴的長度約 6 到 8 公分,尾巴的長度約是軀幹的 2 倍左右。分布位置多在海拔 1,800 到 3,000 公尺的山區。

其他珍稀物種

台灣櫻花鉤吻鮭,僅生長在台灣中部溪流的陸封型鮭魚,亦為冰河孑遺物種。魚身有橢圓形橫斑。

鳥類

台灣藍鵲,又稱長尾山娘,主要分布在中、低海拔闊葉林。

昆蟲

黃裳鳳蝶,前翅黑、後翅金黃,外型引人注目。幼蟲喜食馬兜鈴。經常出現於低海拔山區。

哺乳類動物

台灣森林中常見的哺乳類動物包括：水鹿、山羌、台灣長鬃山羊、台灣黑熊、台灣獼猴、野豬、台灣小黃鼠狼、白面鼯鼠、白鼻心、台灣獼猴、赤腹松鼠、穿山甲、赤腹松鼠、野兔、梅花鹿等。

台灣黑熊

列為瀕臨絕種保育類野生動物的台灣黑熊，在野外不易發現其蹤跡，多出沒於人跡罕至的森林，範圍從海拔 1,000 ～ 3,500 公尺的原始闊葉林、針闊葉混合林，甚至到針葉林中。

台灣黑熊是台灣食肉目動物中最大型的哺乳類動物，需要很大的活動空間，但隨著台灣西部山區的開發，使台灣黑熊不但面臨遭獵捕的壓力，更因為人類的活動干擾與破壞原始林，迫使台灣黑熊只能往深山移動，或生活在零散的原始森林中，族群相當稀少。

黑熊是雜食性食物，主要食物來源為植物，包含葉子、根、莖與果實，特別是殼斗科植物的橡實（如青剛櫟），有時也會獵捕小型動物或昆蟲。此外，蜂蜜、蜂蛹也是黑熊喜愛的食物。

體型粗壯，體長約為 120 到 180 公分，體重約 60 至 200 公斤。全身披覆黑色的毛皮，頸部附近的毛特別長。

耳朵大而圓。

眼睛小、色澤深。

共有 42 顆牙齒，門齒、犬齒、前後臼齒，分別有撕咬獵物和咀嚼食物的功能。

吻部的形狀像狗，因此又被稱為「狗熊」。

胸前有白色或黃色的 V 字型斑紋。

爪子長且強硬，在爬上樹幹時會留下深刻的爪痕。

腳掌皆有五根指頭，行走時會將整個掌面貼地。

尾巴很短，通常不到 10 公分。

台灣獼猴

台灣獼猴屬靈長目、獼猴科，為台灣特有種，是台灣除了人類以外唯一的野生靈長類。台灣獼猴屬於群居性動物，一群通常維持在 10 到 30 隻左右，最多曾發現 70 餘隻的族群，活動區域以樹冠層為主，偶爾會下到地面。生性聰明、模仿力強，成猴在天敵出現或遇到危險時會發出叫聲，或搖動枝幹來警告同伴。

台灣獼猴通常在日間活動，清晨和黃昏是覓食的高峰。屬雜食性，主要以植物之果實、嫩莖葉為食，攝取食物種類會隨著季節變動而改變。廣泛分布於台灣全島從低到高海拔的森林地區，海拔 3,000 公尺以下的山區都可見到台灣獼猴的蹤影。棲息環境以濃密的天然林為主，喜歡出現於裸露之岩石或水源地附近。

台灣獼猴。

台灣野山羊

台灣唯一野生牛科動物，身體為深褐色，雌雄皆有一對圓錐狀的角。主要棲息在低至高海拔山區森林，常出現在裸岩和陡坡。

台灣野山羊，雄性及雌性都有角，羊角成熟後不再更新與脫落。

台灣山羌

小型鹿科動物，體型接近一般的中型犬，性喜在天然闊葉林與混生林活動，會發出響亮的吠叫聲，因而有「吠鹿」之稱。雄山羌頭上有一對短角，每年會脫落重新生長，雌山羌則不長角。

雄山羌額頭有黑色 V 字圖樣，成熟後會長出一對角。

雌山羌額頭有黑色盾形圖樣，成熟後不長角。

鳥類

不同種類的鳥類，在森林生態系中扮演不同的角色，使森林生態維持穩定的狀態，可以說是重要的環境指標。

在森林生態中的角色

鳥類依其種類不同，分別在森林生態系中扮演初級、中級、甚至高級消費者的角色。以花蜜、野果為主食的鳥類可以協助傳遞花粉與傳播種子；以昆蟲為主食的鳥類每日要吃掉其體重 15% ～ 30% 的昆蟲，有助於維持森林昆蟲數的平衡。例如，有「森林醫生」之稱的啄木鳥，每天可吃掉與其體重相當的昆蟲；高級消費者如貓頭鷹、隼等以野鼠為主食；烏鴉等則以垃圾或腐屍為主食。

透過不同層級的角色，能使森林生態維持在一個穩定的狀態，更協助部分的分解與疾病控制功能，因此森林中的鳥類可說是重要的環境指標。

大翅啄木公鳥頭頂有塊顯眼的赤紅色，喜歡棲息在林相完整的針闊葉混合林。

小啄木為台灣 4 種啄木鳥中最常見者，從平地的公園綠地到中海拔天然林皆可發現。

台灣有幾種啄木鳥？

有大赤啄木、綠啄木、小啄木與地啄木，共 4 種。其中大赤啄木和綠啄木喜歡棲息在中、高海拔的原始針闊葉混合林或闊葉林，屬於珍貴稀有的保育鳥類；小啄木則主要棲息在中、低海拔的森林中，喜歡以螺旋狀爬升捕捉藏匿在樹皮裡的昆蟲。地啄木則為稀有的過境鳥或冬候鳥。

啄木鳥為了覓食，必須不斷啄樹。啄木鳥的大腦被一層密實而且富有彈性的頭骨緊緊包裹起來，海綿狀的頭骨形成一個避震功能極佳的保護墊；在頭蓋骨與大腦間，有一個含有液體的小縫隙，可以緩衝外力的撞擊。啄木鳥頭部的某些肌肉會收縮，可以幫助吸收與分散撞擊的力量；舌頭底部的結締組織延伸環繞整個腦部，形成另一層防震功能。

紅冠水雞

彩鷸

白腰文鳥

野鳥棲位

不同的鳥類會棲息在不同的群落，如針葉林、闊葉林、草原、灌叢、農田、水域等。除了對群落有不同的選擇，在同樣的林木上，鳥類可能會選擇不同的覓食層次。例如小卷尾生存在樹冠頂部，赤腹山雀在茂密的枝幹和樹葉上活動，畫眉棲息在林木下層或灌木草叢，竹雞在地面活動。在低海拔的闊葉林中，由於森林層次豐富，提供鳥類豐富的棲息場所和食物來源。

大冠鷲

洋燕

小卷尾

灰喉山椒

樹鵲

五色鳥

小啄木

小雨燕

黑頸藍鶲

赤腹山雀

領角鴞

台灣藍鵲

繡眼畫眉

小彎嘴畫眉

畫眉

牛背鷺

魚狗（翠鳥）

小雲雀

紫嘯鶇

鉛色水鶇

竹雞

雉科
鳥類

雉科鳥類在台灣有紀錄的共有7種,包括:台灣山鷓鴣（深山竹雞）、竹雞、鵪鶉、藍胸鶉、藍腹鷴、環頸雉與黑長尾雉（帝雉）。其中,黑長尾雉、藍腹鷴、環頸雉、藍胸鶉屬珍貴稀有鳥類,台灣山鷓鴣則為其他應予保育類的野鳥,鵪鶉則為稀有的過境鳥。

雉科鳥類特性

在森林中,黑長尾雉、藍腹鷴與竹雞是體型僅次於猛禽的鳥類,因為擁有一雙強健的腳,善於奔走,多半以地面為家。為了應付地面危機四伏的狀況,發展出高度的警覺心和喜歡隱藏身體的習性。有趣的是,雉科鳥類因為擁有色彩豔麗的羽毛與亮麗的外型,在森林裡踱步時,猶如貴族般散發雍容華貴的氣質而格外引人注目。

如何分辨黑長尾雉與藍腹鷴?

黑長尾雉（帝雉）
腳為黑色。
尾羽極長,有黑白相間的橫紋

藍腹鷴
腳為紅色。
尾部有一整片全白的羽毛。

黑長尾雉

又稱帝雉。雄鳥全身多為深藍黑色而有光澤,翅膀有一條白色翼帶,尾羽長且有白色橫紋。雌鳥體型較小,全身多為橄欖褐色帶有淺色縱斑;尾羽栗色,有明顯的黑色橫斑;胸、腹部有黑色斑點及白色箭頭形斑紋。主要分布於台灣的中、高海拔雲霧帶,加上喜歡在起霧時出現的特性,使黑長尾雉有「迷霧中的王者」的稱號。

牠的身影也出現在1,000元新台幣背面。

藍腹鷳是羽毛色澤多彩亮麗的原生雉雞，喜歡在森林底層的草地或枯枝落葉上尋覓食物。

藍腹鷳

雄鳥多呈現藍黑帶紫藍色金屬光澤，有白色羽冠；肩羽為紫紅褐色，尾羽除中央一對為白色外，其餘為深藍色。雌鳥體型較雄鳥小，背面大致為暗褐色，有均勻排列的土黃「V」形花紋。主要分布於台灣中海拔闊葉林中。

竹雞

身長約 25 公分，體型圓胖，雌雄鳥的顏色相同，大致為灰褐色，臉頰、頸部到胸前呈藍灰色，喉部栗色，翅膀有月牙型的栗色斑紋。竹雞的叫聲宏亮，常發出「雞狗乖」的叫聲。常成群行動，多出現於中部海拔山區的灌木叢、草叢或竹林中。白天多在地面上活動，夜晚則棲息在樹上。

黑長尾雉被譽為「迷霧中的王者」，時常在雲霧繚繞的林間步道上漫遊、啄食。

在草地上覓食、啄食草籽的竹雞。

73

猛禽

提起猛禽，許多人馬上會想到翱翔空中的老鷹。就廣義的猛禽而言，可分為鷹、隼與貓頭鷹。鷹與隼主要在日間活動，而貓頭鷹多半在夜間活動，有夜間殺手之稱。在台灣，所有的猛禽都列入保育類動物。

鷹

一般俗稱的老鷹的猛禽屬鷹形目，可分為鷹科、鶚科，以及蛇鷲科（台灣沒有）。其中，鷹科的種類較多，包括鷹、鵰、鷲等，共同特徵為具有先端彎曲成鉤狀的短嘴，腳部粗而強健，爪子尖利，翅膀又寬又長。雌鳥的體型多半比雄鳥大。主要棲息在樹林中，飛行能力強，可運用上昇氣流滑翔或盤旋。在台灣較常見的是大冠鷲，經常盤旋在次生林上、喜歡捕蛇，族群較少的有赫氏角鷹（熊鷹）、林鵰等。

林鵰是留鳥猛禽中翼展最長的種類，滑翔時帥氣且優雅。

隼

遊隼是全世界瞬間飛行速度最快的鳥類，時速可達 300km/hr 左右，能在高空中鎖定目標後高速狙擊獵物。

屬於隼形目隼科。特徵與鷹形目的猛禽相似，但翅膀尖端較窄細。隼的飛行速度非常快，能直接由空中追擊地面的小型野生動物。在台灣常見的隼形目包含遊隼、紅隼等。

貓頭鷹

夜間活動的鴞形目，俗稱貓頭鷹，包含草鴞科與褐林鴞。共同特徵是頭大、頸短，可作大幅度左右轉動，飛行時輕巧無聲。台灣的貓頭鷹以黃魚鴞體型最大，褐林鴞居次，鵂鶹體型最小，頭背後的花紋像兩顆眼珠，可用來欺敵。除了草鴞為瀕臨絕種野生動物，台灣的貓頭鷹都是珍貴稀有野生動物。和老鷹與隼翱翔天際主動出擊的獵捕習性不同，貓頭鷹善於等待，總是在獵物出現後才迅速捕捉。

鵂鶹是台灣體型最小的貓頭鷹，雖然外表嬌小可愛，捕食小型鳥類時仍是凶猛無比。

台灣常見猛禽分類

```
                     ┌─ 鷹科
            鷹形目 ──┤
                     └─ 鶚科
猛禽 ──┬── 隼形目 ──── 隼科
                     ┌─ 草鴞科
            鴞形目 ──┤
                     └─ 鴟鴞科
```

大冠鷲因喜好捕食蛇類，因此又名蛇鵰。主要出沒在海拔 2000 公尺以下的山林與丘陵地。

為什麼貓頭鷹是原始森林指標鳥？

　　貓頭鷹被稱為原始森林指標鳥類。因為在猛禽的鴞形目中，除了草鴞是以草原作為主要棲息環境外，多數的貓頭鷹都生活在樹林裡，以樹洞築巢繁衍。但貓頭鷹無法自行挖洞做巢，必須仰賴天然的巢洞，被稱為二次洞巢者。一個良好的天然巢洞必須大到貓頭鷹可以棲身、孵育雛鳥，又必須小到可以避免遭受天敵的侵襲，因此，找到適合的巢洞，就成為貓頭鷹繁衍下一代的最大關鍵。

　　可能出現多餘巢洞的森林是老齡林，在林木衰老的階段中，有些樹會整棵枯死，有些則是枝幹部分凋萎，經過蟲蛀，或者經由一次洞巢者啄木鳥的敲啄後，貓頭鷹才能使用。枯立木的存在，讓牠們有築巢繁衍下一代的機會。通常只有原始林，才擁有足夠的枯立木供貓頭鷹棲息。

褐林鴞是台灣體型第二大的貓頭鷹，叫聲多變，棲息於廣闊且環境優良的天然森林中，喜好捕食飛鼠與小型鳥類。

留鳥猛禽

台灣可以看到的猛禽分為留鳥猛禽與候鳥猛禽。留鳥猛禽是指終年居留在台灣島上的猛禽，包括：大冠鷲、鳳頭蒼鷹、松雀鷹、黑鳶、林鵰、赫氏角鷹、黑翅鳶、遊隼、黃嘴角鴞、領角鴞、蘭嶼角鴞、黃魚鴞、褐林鴞、灰林鴞、鵂鶹，其中遊隼有部分為冬候鳥及過境鳥。

屬於留鳥猛禽的灰林鴞，是台灣棲息海拔最高的貓頭鷹。

候鳥猛禽

一年中只有某些季節前來台灣的猛禽，如秋過境鳥、冬候鳥、春過境鳥、夏候鳥與迷鳥，包括：魚鷹、東方蜂鷹、灰面鵟鷹、灰鷂、澤鵟、赤腹鷹、日本松雀鷹、北雀鷹、鵟、毛足鵟、紅隼、灰背隼、燕隼、東方角鴞、褐鷹鴞、短耳鴞、長耳鴞等，其中褐鷹鴞有部分為留鳥。

東方蜂鷹原為候鳥猛禽，主要在東亞地區遷徙。近年研究發現東方蜂鷹也會在台灣定居繁衍，因此有部分族群在台灣成為留鳥。

領角鴞為留鳥猛禽，是台灣分布範圍最廣的貓頭鷹，主要棲息於低海拔森林，但因適應力強，能在人類生活的環境中生存，成為最常見的貓頭鷹，連在都市中也能發現其蹤跡。

兩棲與爬蟲類動物

兩棲類是最早由水中登陸的脊椎動物，仍保有許多水棲動物的特性。通常幼體棲息在水中，以鰓呼吸，成體轉為以肺與皮膚呼吸，可在靠近水域或潮溼的陸地活動。爬蟲類則是由兩棲類演化而來，通常體表有鱗片，不需生活在水邊，蛇、蜥蜴、烏龜與鱷等皆屬此類。

兩棲類的分類

兩棲類可分為三大類：有尾目、無尾目與無足目。台灣兩棲類包含有尾目的山椒魚，以及無尾目的蛙類，沒有無足目動物（如蚓螈）。

山椒魚

屬有尾目，台灣共有 5 種，包括台灣山椒魚、阿里山山椒魚、楚南氏山椒魚、觀霧山椒魚以及南湖山椒魚，都是冰河期子遺動物，也是瀕臨絕種野生動物。

蛙類

屬無尾目，包括青蛙和蟾蜍。蛙類屬於體溫隨環境溫度而變的外溫動物，加上體型小，活動和擴散能力差，因此多半分布在溫暖潮溼的平地或低海拔山區。

台灣常見蛙類

位於亞熱帶地區的台灣，氣候溫暖，加上地形複雜，非常適合蛙類生活和繁殖，從海平面到超過 3,000 公尺的山區都有蛙類分布，台灣目前野外的蛙有 32 種，分屬 5 科，有許多種被列為保育類野生動物。

在台灣森林中屬於特有種的蛙類包括：褐樹蛙、面天樹蛙、諸羅樹蛙、橙腹樹蛙、莫氏樹蛙、翡翠樹蛙、台北樹蛙及盤古蟾蜍等。

面天樹蛙　面天樹蛙　台灣特有種，體色為灰褐色，體長約 2 到 5 公分，非常嬌小。多分布在台灣西半部低海拔地區。

莫氏樹蛙

台灣特有種，是台灣分布最廣的蛙類。頭部比身體寬，背部為綠色，大腿內側為橘紅色或淡橘色。

觀霧山椒魚分布於雪山山脈中海拔的雲霧森林裡,喜歡濕潤、冷涼、低干擾的自然環境。自從在 1996 年於觀霧地區首度被發現後,雪霸國家公園在觀霧遊憩區內設立全國第一座以觀霧山椒魚為主題的生態中心,為大眾揭開牠的神祕面紗。

蛇

蛇是常出沒於山區森林的爬蟲類生物,不僅在生態系中扮演重要地位,也是許多原住民族重要的文化圖騰。台灣大約有 50 多種蛇,約 10 餘種為保育類。部分蛇類帶有毒性,如赤尾青竹絲與百步蛇等。

如何分辨青蛇與赤尾青竹絲?

無毒的青蛇
· 體色:通體為草綠色,腹部微黃,
　　　　體側沒有縱線。
· 頭形:頭部較小,呈橢圓形。
· 尾部:沒有紅邊。

有毒的赤尾青竹絲
· 體色:以綠色為主,母的赤尾青竹
　　　　絲身體兩側有一條從頸部延
　　　　伸到尾部的白色縱線,公的
　　　　在白色縱線下方另有一條紅
　　　　色的細縱線。
· 頭形:頭呈明顯三角形,頸部較細。
· 尾部:帶有紅邊。

黑眶蟾蜍
分布在平地到低海拔地區,最明顯的特徵是眼眶周圍為黑色。

腹斑蛙
分布在台灣 2,000 公尺以下的山區與草澤水域。鳴叫時會鼓起鳴囊,是蛙類的顯著特徵。

昆蟲

昆蟲是地球上動物種類最多的一群，占所有動物四分之三或全球生物的一半，台灣素有「昆蟲王國」的美稱，已知有超過 2 萬種以上的昆蟲，分別在森林中扮演消費者與分解者的角色，也是生態系中不可或缺的一環。

昆蟲對生態系的影響

在森林生態系中，許多動物以昆蟲為主食，而昆蟲則取食植物或其他昆蟲或小動物。除此之外，有授粉性昆蟲如蝴蝶、蜜蜂等，能協助傳授花粉，讓植物開花；還有昆蟲以動物的屍體或糞便為食，是大自然中的分解者。因此，昆蟲的種類與數量，將影響整個生態系其他動物的消長，在食物鏈中扮演重要角色。

昆蟲的起源時間

由目前挖掘出來的化石推測，昆蟲大約出現於 3 億 5000 萬年之前，遠比恐龍早。也就是說，早在人類出現之前，昆蟲已經在地球上生活，並通過漫長、嚴厲的演化過程存留下來。

昆蟲的特徵

從外觀辨別，昆蟲一定擁有下列特徵：有 3 對、6 隻腳，身體分為頭、胸、腹三部分。不過這指的是成蟲。而有 8 隻腳的蜘蛛和更多腳的蜈蚣，都不是昆蟲。

鍬形蟲

鍬形蟲科昆蟲的總稱，全世界大約有 1,200 種。台灣的鍬形蟲有 60 種以上，其中約有半數是只分布於台灣的特有種，且陸續還有新種或新紀錄種發表。鍬形蟲雄蟲通常有誇張美觀、如角一般的大顎，這並不是用來咀嚼食物，而是用來對抗天敵、打鬥及爭奪食物地盤。在台灣的平原或淺山區比較常見的鍬形蟲是扁鍬形蟲及鬼艷鍬形蟲。台灣大鍬形蟲、長角大鍬形蟲則因數量較少，已被列為保育類野生動物。

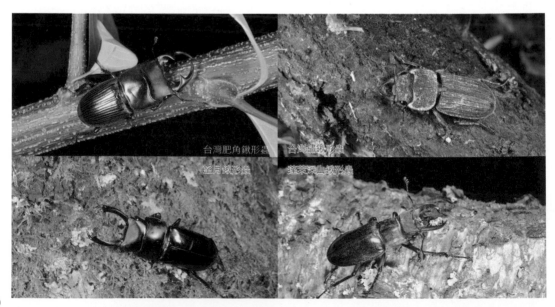

台灣肥角鍬形蟲　台灣鏽鍬形蟲
望月鍬形蟲　蓬萊深山鍬形蟲

鼈甲暮蟬會在日暮時分集體鳴唱，嘹亮蟬鳴總是響徹整座森林。

蟬

根據研究，蟬出現的時間並非只在夏季，而是從春末 3 月到深秋的 11 月底，因南北緯度不同而有所增減。

蟬的一生，多半處於幼蟲期，而幼蟲期的長短又因種類有所不同，如草蟬的幼蟲期只有短短 1 年，而美國有一種蟬的幼蟲期卻長達 17 年之久。成蟲後的蟬以刺吸式口器吸食植物的汁液維生，雄蟬則以聲音誘引雌蟬來交尾，雌蟬再將卵產於樹幹或枝條裂縫中，完成傳宗接代任務後，雄蟬與雌蟬便相繼死亡。整個成蟲期大約僅 2 至 4 週，因此，我們所聽見的蟬聲，可是牠們以生命唱出的「生命之歌」。

糞金龜

以動物糞便為食，會將蒐集到的動物糞便做成一個個糞球，推滾到挖好的洞埋起來慢慢享用。此外，推糞球也是一種求偶行為，推越大糞球的雄糞金龜越容易得到雌糞金龜青睞，並在糞中交配、產卵，以糞球撫育下一代。糞金龜使動物糞便可以快速回歸到土壤中，不僅可增加植物所需的養分，還可防止傳染性疾病的蔓延，因而有「大自然的清道夫」之稱，也是古埃及人視為「聖甲蟲」的辟邪聖物。

糞金龜。

每隻蟬都會叫嗎？

在蟬類中只有雄蟬才會叫。蟬的發聲來自腹部前端音箱蓋的鳴器，雄蟬腹部兩側各有一對鳴器，鳴器上方有音箱蓋，裡面有褶膜、鏡膜，側方有鼓膜。當腹中的發音肌肉收縮時，鼓膜會發生凹凸現象，產生聲波，並引起褶膜與鏡膜共鳴，發出宏亮的鳴叫聲。不同種的雌蟬對不同的音頻有辨識能力，可藉由雄蟬的歌聲，讓同種雄、雌蟬在短暫的生命中相遇、交尾以繁衍後代。

蝴蝶

台灣位居亞熱帶，加上生物地理位置特殊，動植物種類繁多，縱使面積狹隘，仍吸引大批蝴蝶棲息。目前台灣已知蝴蝶超過 400 多種，分屬 5 科，就單位面積的種類與數量上，在世界名列前茅，其中台灣特有種更超過十分之一，因而有「蝴蝶王國」之稱。

蝴蝶的構造

蝴蝶具有頭、胸、腹部三部分，前足、中足、後足各一對，兩對翅膀帶有鱗片，擁有斑斕美麗的色彩。

台灣的蝴蝶

大致可分為 5 科，包括鳳蝶科、粉蝶科、蛺蝶科、弄蝶科、小灰蝶科。其中以鳳蝶科蝴蝶體型最大、外型也最美艷，有「蝶中之王」的美譽。

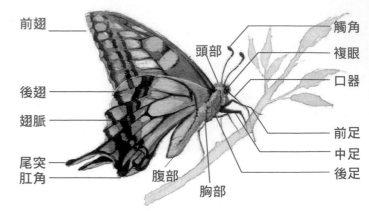

前翅 / 頭部 / 觸角 / 複眼 / 口器 / 後翅 / 翅脈 / 前足 / 中足 / 後足 / 尾突 / 肛角 / 腹部 / 胸部

弄蝶科

小型或中小型蝶類，外觀樸素，翅膀多為黯淡的褐色。觸角的末端微膨脹，收尾尖細，呈彎曲的鉤尖狀。如台灣大白紋弄蝶、竹紅弄蝶等。

大白紋弄蝶。

粉蝶科

體型為中型或中小型。翅膀底色多為白色或淡黃色，帶有橙紅色或褐色斑紋。後翅的尾突較不明顯。如端紅蝶、紋白蝶等。

端紅蝶。

正在吸食台灣澤蘭花蜜的斯氏絹斑蝶。

大白斑蝶。

蛺蝶科

體型為中型或大型，顏色與斑紋有較多變化。前足特化、收縮在胸前，以中足和後足站立。如斯氏絹斑蝶與大白斑蝶等。

灰蝶科

小型蝶類，翅膀兩面顏色差異較大，翅膀合起來時多為灰白色（腹面），但展翅後常有藍、紫、綠的金屬色澤（背面）。如密點玄灰蝶（霧社黑燕小灰蝶）、台灣琉璃小灰蝶等。

霧社黑燕小灰蝶。

寬尾鳳蝶。

鳳蝶科

體型較大,翅膀色彩華麗鮮艷,多半以黑底搭配紅、黃色。後翅尾端有明顯的尾突。如寬尾鳳蝶、曙鳳蝶、珠光裳鳳蝶、黃裳鳳蝶等。

正在吸食布骨消花蜜的曙鳳蝶。

寬尾鳳蝶

寬尾鳳蝶是一種大型鳳蝶,展翅時約有 9.5 到 10 公分。前翅底色為黑褐色,後翅中室及靠中室附近有白色大斑紋,外緣有一排紅色弦月紋。在所有鳳蝶類中,是唯一具有兩條翅脈貫穿的寬大尾突。由於寬尾鳳蝶數量非常稀少,被譽為「夢幻之蝶」,目前已列為瀕臨絕種保育類動物。

寬尾鳳蝶的寄主植物:台灣檫樹

寬尾鳳蝶幼蟲主要食源為台灣特產的稀有植物,也是冰河時期的孑遺生物,即台灣檫樹。每年春末夏初,台灣檫樹發新葉時,寬尾鳳蝶便將卵產至新葉上,幼蟲共分為五齡,於秋天結蛹,待來年春天再度羽化,長達一年的生命週期,與台灣檫樹的生長週期結合,是植物與昆蟲共同演化的最佳例證。

台灣檫樹的枝葉及未熟果。

螢火蟲

螢火蟲的尾端長有「發光器」，布滿了許多含磷的發光質和一種螢光酵素，經過複雜的氧化還原反應產生亮光。不過這個氧化還原產生的能量，多半用來發光，只有約 2 至 10% 的能量轉為熱能，因此螢火蟲的光並不像電燈泡會燙人，故稱為「冷光」。

雌雄螢火蟲

從體型大小來看，螢火蟲雌蟲的體型通常比雄蟲大；從發光器判別，雌蟲只有一節發光器，雄蟲有兩節。不同種類的螢火蟲發光顏色不同，發光時間和頻率也不同，只有同種的螢火蟲能辨認出對方所發出光的訊號，達成交尾目的。

黃緣螢屬於水生螢火蟲，喜歡棲息於乾淨的水域及周邊環境，是環境品質良好的指標。

賞螢時機

台灣有超過 60 種螢科類昆蟲，每年的 3 至 5 月底，與 11 至 12 月是賞螢的的最佳時機；太陽下山後到晚上九點之間，螢火蟲最活躍，是最佳的賞螢時段。目前台灣許多地方都可以看到螢火蟲，尤其是注重螢火蟲生態復育的地區。最佳賞螢地點包括：台北市陽明山；新北市承天賞螢步道、烏來；新竹內灣東窩星海螢區、南坪古道；苗栗縣錫錴古道、勝興車站、頭份鹿廚坑；南投日月潭、水社碼頭、溪頭；台中東勢林場；嘉義阿里山；台南曾文水庫、梅嶺；高雄青山農路；屏東墾丁；花蓮鯉魚潭、富源森林遊樂區、池上鄉東側山區、太魯閣國家公園警察隊後方天然林溪谷等。

新北市普渡長生橋周邊的螢光點點，非常夢幻。

在山林間應避開的昆蟲：虎頭蜂

虎頭蜂是什麼蜂？

民間常稱的虎頭蜂，屬於翅膜目—胡蜂科，台灣常見的有：大胡蜂、姬胡蜂、黃腰胡蜂、黃腳胡蜂、黑絨胡蜂、擬大胡蜂等。因頭大如虎、凶猛如虎，加上蜂巢上有類似虎斑的紋路而得名。

外表有虎斑紋路的大型蜂巢，便是虎頭蜂窩。

為何會群起攻擊？

虎頭蜂在螫咬人時，螫針與警戒費洛蒙會同時遺留在人體中，而警戒費洛蒙會隨著人類揮打虎頭蜂的動作擴散到空氣裡；當其他虎頭蜂聞到這種氣味，便會處於被激怒的狀態，馬上進行攻擊，因此一旦被一隻胡蜂螫叮，很容易引來一大群的胡蜂追擊。

虎頭蜂的蜂毒是由毒蛋白組成，被螫咬時，會引起皮膚紅腫、刺痛、暈眩以及發熱的現象，若受到群蜂攻擊，會造成溶血、肌肉痙攣、呼吸困難等現象，甚至引發休克死亡，不可不慎。

如何避免虎頭蜂螫？

每年的 8 到 11 月，是虎頭蜂大舉出動，為冬眠準備食物的季節，為了避免被虎頭蜂攻擊，要記住幾個原則：

1. 不要穿著顏色鮮豔的衣服，特別是黃色與紅色，因為虎頭蜂喜歡顏色鮮明而且具有香味的花卉植物。
2. 絕對不可以擦香水，包括含有芳香味的除汗劑或洗髮精。
3. 看到蜂窩時要記得繞路而行，千萬不要因為好奇而去敲打；如果遇到虎頭蜂在頭上盤旋，應盡快離開，不要用手揮打。
4. 盡量穿長袖長褲上山，可以保護身體，並戴上帽子做好頭部防護。

如果遭到虎頭蜂攻擊，盡量用衣物掩蓋頭、頸，壓低身體、走大步離開現場，且要朝虎頭蜂飛來的反方向或順風向離開。若遭蜂螫時，可先清潔傷口和冰敷，並盡速就醫。

黃腳虎頭蜂普遍分布於低、中海拔山區，秋冬季節為活躍期。

森林景觀

第 4 章

天然湖泊
天然溼地
雲霧與雲海
雲的種類
瀑布
雪與霧淞

天然湖泊

除了各式各樣的動植物，森林裡還有許多美麗、多變的景觀，包括在山林陡坡的溪流，以及在緩坡處形成的湖泊。其中，湖泊因不同的形成原因，可分為堰塞湖、構造湖與火山湖等。

火口湖

因火山口崩陷積水形成，如面天湖、夢幻湖。

構造湖

因為地殼運動產生斷裂或摺曲，形成窪地，如日月潭。

堰塞湖

因為山崩或土質滑動，堆積在山谷阻絕溪流，積水形成的湖泊，台灣多數湖泊都屬於此類湖泊。

冰蝕湖

因冰河長時間侵蝕地表，形成窪地積水而成，如雪山翠池。

翠池是台灣海拔最高的高山湖泊，是因冰河侵蝕而形成，周圍有玉山圓柏純林。

牛軛湖

因曲流截斷、河流改走新道，舊河道積水形狀如牛軛而得名。

翠峰湖是台灣最大的高山湖泊。

台灣的高山湖泊

台灣高山林立，孕育出許多高山湖泊，從北到南大大小小有如一串晶瑩透亮的珍珠灑在山脊上。

3000m

2000m

嘉明湖 —海拔3310公尺

翠池 —海拔3520公尺

七彩湖 —海拔2980公尺

牡丹池 —海拔2860公尺

屯鹿池 —海拔2850公尺

萬里池 —海拔2790公尺

白石池 —海拔2750公尺

加羅湖群 —海拔2240公尺

三星池 —海拔2100公尺

鴛鴦湖 —海拔1670公尺

翠峰湖 —海拔1850公尺

松蘿湖 —海拔1230公尺

天池 —海拔2280公尺

萬山神池 —海拔2150公尺

大鬼湖 —海拔2180公尺

小鬼湖 —海拔2040公尺

天然溼地

溼地是陸地與水域的過渡地帶，因長期或週期性的被水淹沒，呈現潮溼、泥濘的狀態。依據地理分布位置，可分為沿海溼地與內陸溼地。台灣森林當中的溼地多屬內陸型，不僅孕育出多樣的水生植物，也是許多動物重要的棲地。

內陸溼地

常見於溪河、湖泊或池塘邊緣的淺水地帶或沼澤，水源來自雨水、地下水或附近的水域，不受海洋潮汐的影響。台灣重要的內陸濕地包括：夢幻湖、雙連埤、鴛鴦湖、七家灣溪與大、小鬼湖等。

宜蘭山區沼澤裡富含酸性土壤，其中生長著大量泥炭苔。

沿海溼地

分布於沿海地帶的海岸沼澤、河口泥灘地、紅樹林沼澤、離岸沙洲與潟湖等，會受到海洋週期性的潮汐運動影響。台灣多數溼地為此類型，其中，曾文溪口溼地與四草溼地被列為國際級重要溼地。

高美濕地是國家級濕地，包含潮溪、草澤、沙地、碎石、泥灘等棲地環境。

夢幻湖是國家級的重要濕地，也是特有種台灣水韭唯一的野生棲地。

溼地植物可以遮光抑制藻類生長，還可以去汙淨化。目前許多人工溼地會種植香蒲、蘆葦、燈芯草等水生植物來淨化水質。

溼地的功能

滋養與庇護生物

溼地多樣化的環境，不僅孕育出豐富的植物（如夢幻湖的水韭、沿海的紅樹林等），也提供許多魚、蝦、水鳥等物種生存與繁殖的棲地。

棲息於溼地的小白鷺。

提供天然物產

包含魚、蝦、蟹、貝、材薪、藥材等資源。

涵養水源

溼地如一塊天然的海綿，下雨時可吸收過多的水分，水量少時，則可慢慢釋放蘊含的水分，補充地下水，減緩地層下陷。

淨化水質

溼地植物可以經由根莖將氧分子釋放到土壤及水中，以及過濾或沉降部分汙染物，甚至吸附氮、磷與重金屬，達到去汙淨化的功能。

防風護岸

沿海溼地的植群，可以阻擋強風與鹽霧，抑止潮汐直接侵蝕海岸，或透過植物的根部緊抓泥土以保固土地。

教育與遊憩

溼地生物的多樣性，不僅是自然研究、環境教育的最佳場域，更可以作為人們假日休閒、賞鳥、親水的生態旅遊地。

鰲鼓溼地囊括了台灣擁有的四種紅樹林：海茄苳、欖李、水筆仔與五梨跤。

雲霧與雲海

世界氣象組織對雲霧的定義為，當空氣中有很多小顆粒、小水滴，使能見度低於 1,000 公尺時，就是有雲霧的狀態。在台灣中、高海拔的山林地區，因氣候、地形等因素，經常出現雲霧繚繞的景觀。在阿里山、太平山、觀霧、大雪山與合歡山等地，更可見宛如幻境的雲海奇景。

雲

形成雲的原因主要，是因為陽光的照射，使原本環繞在我們周遭的空氣受熱膨脹而往高處上升，加上高空中的空氣稀薄、氣溫低，使上升的熱空氣慢慢冷卻，這時，空氣中的水蒸氣，便逐漸凝結成細小的水滴或冰晶。當小水滴或冰晶相遇時，再凝結成更大的水滴與冰晶，就逐漸擴大就成了我們能看見的雲。

霧

當潮溼的空氣遇到冷的地面或水面，快速冷卻，就會形成霧。霧和雲在本質上並沒有太大的分別，都是由許多小水滴與小冰晶組成，只是所在高度不同。雲是飄浮在高空中的小水滴，不觸及地面；靠近地面形成的，則稱作霧。

山區雲霧繚繞的原因

台灣的中高海拔山區，因氣候溫暖潮溼，終年雲霧繚繞，形成極具特色的雲海景觀，其形成原因主要包括：

1. 台灣地處東亞島弧摺曲地帶，又有東北季風與西南氣流交會。
2. 位於太平洋海洋型氣候與大陸型氣候的過度區，使得上層空氣極不穩定。
3. 因高山與平地海拔之間的劇烈落差，受到大氣壓力與溫度的變化作用，使得向上氣流增強，容易形成雲霧籠罩。
4. 台灣森林茂密，蘊積豐厚的山嵐。

阿里山雲海與秋冬變色紅榨楓是著名美景。

雲海

在山區，由於夜晚時冷空氣往山下移動，使山谷溫度降低，潮溼的空氣大量凝結為小水滴，懸浮、聚集在空中。從高處觀看，形狀有如翻騰的波浪，因而被稱為「雲海」。雲海並不是隨時都可以看見，一般而言，看雲海的最佳時機是清晨以及黃昏，

雲霧繚繞的觀霧森林。

大雪山雲海與晚霞。

從天池山莊眺能高山雲海。

因為當太陽升起後，雲層隨即往上升四散開來，太陽下山之後，雲層便往下降形成霧。雲海是阿里山五奇之一，也是台灣高海拔森林遊樂區才看得到的特殊氣象景觀。除了阿里山，太平山、觀霧、大雪山、合歡山等都是看雲海的好去處。

大安溪上游溪谷裡的濕潤空氣沿著山坡上升，形成浪濤般的山嵐。

93

雲的種類

最早將雲分類的是英國何華特爵士（Duke Howard），他在 1803 年創議，經過法國雷諾（Renou）和瑞典海特勃蘭遜（Hidebrandsson）修訂而成。

層雲

高度在 2,000 公尺以下，底部均勻如霧，在陽光照射下輪廓清晰可辨。常見於冬季山區，出現時常下毛毛雨。

層積雲

高度在 1,000 公尺以下，外型較為柔和，結構成塊狀、片狀或層狀。若連成一片，則有波浪型態，高山常見的雲海大都為層積雲。

積雲

高度在 1,000 公尺以下，孤立且垂直向上發展的濃密雲層，狀似棉花。底部平坦，為不透光的白色或深灰色，是夏天常見的雲種。

高層雲

高度約在 2,000~6,000 公尺間，呈層狀，灰藍色，厚薄不定，厚者可遮蔽日光，薄者透光性如同毛玻璃。高層雲出現時表示有降雨機會，一旦降雨，時間長且連續。

高積雲

高度約在 2,000 到 6,000 公尺，呈灰白色、片狀或滾筒狀，通常排列有序，體積比卷積雲大，可於地面產生陰影。天氣溫暖的上午若出現高積雲，當天傍晚可能會下雨。

卷積雲

高度約 6,000 到 10,000 公尺，白色，形體類似穀粒或魚鱗狀，排列有序，稍微能阻擋陽光，但無法在地面產生陰影。

卷層雲

高度約在 6,000 到 10,000 公尺間，白色，具透光纖維狀的均勻雲幕，可掩蓋天空但無法遮蔽日光，也無法於地面產生陰影。當卷層雲覆蓋於太陽前方時，易產生日暈現象。

卷層雲

日暈

卷雲

高積雲

積雨雲

積雲

雨層雲

高雲

中雲

低雲

卷雲

高度約在 6,000 到 10,000 公尺間，卷雲是最高的雲，色白，外觀如羽毛般呈細絲、纖維狀，孤懸高空無雲影。日出、日落時顯現橘紅色或紅色。當颱風接近時，便可見到卷雲出現在天空中。

積雨雲

濃厚、龐大的對流雲，垂直往上伸展，高聳如山嶽，頂端呈砧狀，又稱為砧狀雲。雲底呈深灰或黑色。積雨雲往往會帶來大雷雨甚至冰雹。

雨層雲

高度約在 1,000 公尺，是典型的壞天氣雲，雲層厚而廣，呈黯黑色；雨層雲通常會造成降雨，但不至於出現打雷閃電。

瀑布

森林裡經常可見各式秀麗優雅或磅礴壯闊的瀑布景致，其形成原因，包括地殼變動與岩層之間的差異侵蝕等。台灣的瀑布依據不同的成因，大致可分為三種類型。

簾幕式瀑布（帽岩瀑布）

在河道當中，因為河床的硬岩層抗蝕力較強、軟岩層較差，而產生差異侵蝕的現象。當差異侵蝕過大時，就會形成瀑布。這類的瀑布通常比較寬，如十分瀑布。

懸谷式瀑布

在河川的主、支流交會處，由於主流的流量較大、下切力較強，主主、支流之間產生高度落差，且支流高懸於主流之上，形成細長狀的飛瀑。如烏來瀑布。

十分瀑布是因河床軟硬岩的差異侵蝕所造成。

斷層瀑布

由於地殼變動，地表沿著斷層升降成懸崖，使得原先流經的河道形成大幅高低落差，因而形成瀑布。如觀霧瀑布。

烏來瀑布即是支流高懸於主流之上的懸谷式瀑布。

觀霧瀑布是由於榛山斷層造成地層抬昇所形成的瀑布。

國家森林遊樂園區裡的瀑布

內洞瀑布
懸谷式三層瀑布
落差各約 13、19、3 公尺

滿月圓處女瀑布
簾幕式瀑布
落差約 10 多公尺

滿月圓瀑布
懸谷式多層
落差約 15 公尺

太平山三疊瀑布
懸谷式瀑布
中層約 25 公尺、
第 3 層 17 公尺

觀霧瀑布
斷層瀑布
落差約 30 公尺

富源瀑布
懸谷式瀑布
落差達 70 公尺

奧萬大飛瀑
懸谷式瀑布
落差約 20 公尺

雙流瀑布
簾幕式瀑布
落差約 25 公尺

雪與霧淞

在寒冷的冬季，台灣的高山森林，經常披覆白色或半透明的冰晶。這些冰晶依據不同的形態與形成過程，而有不同的名稱，例如雪或霧淞。合歡山或太平山皆是知名的賞雪景點。

雪

在氣溫低於攝氏 0℃ 以下，由空氣中的水氣與水，凝結成六角形的固態冰晶。雪的質地輕，飄落速度較慢。

霰

外觀為球形或圓錐形的小冰粒，直徑大約為 2 到 5 毫米。由低於攝氏 0℃ 以下仍保持液態的「過冷水滴」，附著在冰晶、雪花或塵埃上所形成。與雪相較，霰的質地較鬆軟，容易碎裂，降落速度也比較快。

霜

氣態的水蒸氣，遇到低溫的物體表面，不經由液態直接凝華成冰。

霧淞

液態的過冷水滴，隨風撞擊物體表面，在迎風面凍結成不透明的乳白色結晶。可以從外觀明顯看出風吹的方向。

雨淞

過冷水滴降落在地面或物體表面，凍結成光滑且透明的雨狀冰柱。

玉山圓柏葉子上的雨淞。

霧淞。

森林功能

第5章

森林與水
森林與氣候
專欄：森林與氣候變遷
都市林
森林的療癒力

森林與水

森林可以吸收、涵養大量的水分，並適時發揮調節的功能，在水資源循環的過程中扮演著重要的角色。而在多山的台灣，水源多半來自山區森林，因此森林的存在對於降水、儲水與河水的水量消長有密切的關係。

森林與水資源循環

水是重要的自然資源，以液態、固態及氣態的形式，在地球上不斷轉換、循環。在水資源循環的過程中，森林能夠截留降水，並透過植物枝葉、根系及底層的土壤，將水儲存於地下，而不至於快速流失。多餘的水分則透過植物蒸散與土壤蒸發，回到大氣中，再形成降水。若森林消失，對水資源循環會造成影響。

水資源循環四階段

1. **儲存**：水以液體狀態存在海洋、以固體狀態存在冰裡、以氣體狀態存在於水氣內。
2a. **蒸發**：海洋與陸地的水體受到太陽的熱能，以水蒸氣形式散到大氣中。
2b. **蒸散**：陸地上土壤與植物所含的水分，氣化到大氣中。
3. **凝結與降水**：大氣中的水氣經由凝結（雲、霧）與降水（雨、雪）的形式，回流到地表。
4. **逕流**：水經由河流或地下水的活動，匯入海洋。

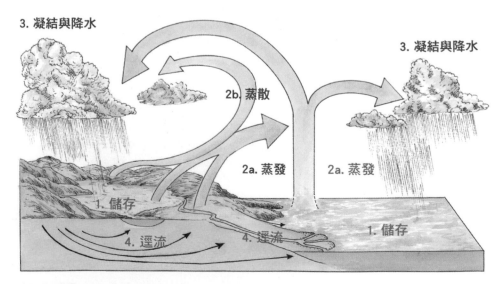

水循環示意圖。

蓄涵水量

森林的樹木枝葉可以攔截雨水，加上地表的枯枝落葉與腐植層，以及土壤裡大大小小的孔隙，可以減緩地表的水流速度，使更多的水分滲入土壤，甚至深入岩層裂縫與孔洞，蓄積成為地下水。由於森林的蓄水量比人工水庫更多，而且較不容易讓水受到太陽照射而蒸發，可以說森林是一座天然的綠色大水庫。

調節河川流量

森林蓄涵在地下的水源，可以在乾季時釋出，調節河川的流量。台灣的地形陡峭、河川不長，加上降雨季節分布不均，容易使河川在豪雨時暴漲，在乾季時乾涸見底。這種兩極化的現象，不利於水資源的儲存與利用。若能從森林的保育著手，較能降低洪水時期的水位，或在枯水期提高水位。

淨化水質

樹木的根系、枯枝落葉與腐植層，具有淨化水質的功效。

防止土石流失

森林具有樹冠層、中間層與地被層等多層次結構，可以緩衝雨水，避免雨水直接沖刷地表，造成土壤流失或土質鬆動。植物的根系，也能抓地固土，在豪雨季節時，減少坡地土壤中的泥砂礫石往低處流動，防止土石流災害。

避免土壤劣化或沙漠化

由於森林的覆蓋，林內的溫度較林外溫度變動較為緩和，可以減少地表的風化作用。此外，森林涵養水源與調節水量的功能，可使土壤保持溼潤，不致造成土壤劣化或沙漠化。

森林就像一塊巨大的海棉，能吸收、涵養大量的水分，並適時發揮調節功能，因此，有森林的地方，就會有豐富與乾淨的水源。

森林與氣候

森林中含有大量的樹木及草本植物，能夠調節通風、消除乾熱與淨化空氣，讓環境更舒適宜人。不僅如此，森林對於維持全球氣候的穩定度，也扮演著非常關鍵的角色。

縮小溫差

森林茂密的樹冠，可以阻遮太陽輻射，因此即便在森林外有烈日高照，在森林裡仍舊可以保持陰涼。依據研究，有森林存在的地方，白晝森林內的溫度比林外低 3～5℃。到了夜晚或是冬季時，森林內的熱量不易散失，反而比森林外的氣溫來得高。若長時間待在森林裡，會感覺日夜溫差與季節溫差較小，有冬暖夏涼之感。

調節通風

森林具有遏阻與緩和氣流的能力，能夠阻擋強風，將大風分散成小股氣流，並改變風的方向。

當風吹向森林時，在林緣外數百公尺就會開始減速，同時氣流因為森林的阻擋轉向上方移動，越過森林後再繼續前進，此時的風速會減弱。在森林中各風速，接近地面的地方最小，並隨高度的增加而增強。

這些小氣流可使大量涼爽潔淨的空氣流入市區，與外面乾熱的空氣交換，有如自然的巨型冷氣與淨化系統，達到調節通風與消除乾熱的效果。

淨化空氣

森林中許多樹木及草本植物會散發出一種特殊物質，即芬多精，可以讓森林空氣清新，也可達到殺菌的功能，對人類健康有相當的幫助。此外，森林中的林木可以阻擋空氣中的塵粒，使之附著在樹葉上，達到淨化空氣的效果。

減緩溫室效應

自工業革命以來，人類廣泛使用石化燃料，產生大量二氧化碳與甲烷，以及臭氧、氮氧化物、氟氯碳化合物，這些氣體會吸收大氣層中的熱能，使氣溫升高，形成溫室效應。森林因為擁有大量的樹木，可以將碳固定住，降低大氣中的二氧化碳量，對於減緩溫室效應，具有一定的貢獻。

光合作用

物質燃燒

樹木的固碳作用

樹木具有行光合作用的生理特性，能利用太陽的光能，將葉片吸收到的二氧化碳和水，合成為氧氣與碳水化合物（葡萄糖）；當氧氣被排到空氣時，碳水化合物則用來維持樹木的生長，同時也將碳儲存、固定在樹木體內。

碳吸存

指吸收大氣中的二氧化碳、將碳元素儲存在森林、海洋或土壤的過程。

常見於台灣淺山地區的相思樹，具有良好的固碳能力。

碳循環

呼吸作用

大氣中的二氧化碳

分解作用

指地球中的碳元素，經由環境進入生物體內，再釋回環境中的循環過程：

· 光合作用：綠色植物以光合作用吸收空氣中的二氧化碳，轉化成植物體內碳水化合物，在動物的攝食過程中，這些物質又進入動物體內。

· 呼吸作用：陸地與水中各種生物的呼吸作用，會將生物體內的碳元素轉回到大氣中。

· 分解作用：動植物屍體內的碳水化合物，經由細菌分解作用，又還原成碳元素回到自然界中。

· 物質燃燒：人類生活中各種燃燒作用與天然氣、石油等石化燃料的使用，將增加二氧化碳的含量。

森林與氣候變遷

森林的生長、分布，和氣溫、降水量等因素有著密不可分的關係，因此氣候變遷帶來的高溫或極端降雨，可能會對森林會造成衝擊，影響自然生態的平衡。另一方面，由於森林具有固碳、減緩溫室效應的作用，如何維護與永續經營森林，已成為全球共同關注的議題。

氣候變遷對森林的衝擊

1 植物遷往高山或北方

當全球氣溫升高，會使生長在各種不同氣候帶的物種，往更高海拔或北方地區遷移。尤其在溫、寒帶及高海拔地區的物種，將會面臨更高的生存壓力。例如位在森林界線處的冷杉，有向高海拔遷移的趨勢。

孕育許多檜木與珍稀物種的霧林帶森林，需要適當的水分與氣溫才能形成，因此特別容易受到氣候變遷的衝擊。

2 生物多樣性減少

由於氣候條件改變，使某些植物的生存面積縮減、族群消失，原來依附植物生存的生物，也會連帶受到影響。

3 容易導致森林火災

氣候變遷可能導致降雨量減少，在異常的乾旱與高溫下，使森林火災發生的頻率增加。

4 破壞森林植被與景觀

當極端天氣發生的頻率增加，例如暴雨、洪水、熱浪或冰雹等，都可能使森林植被受損。

僅生存在東北部山稜線上的台灣山毛櫸，因氣候變遷，面臨族群退縮的危機；同時，台灣特有的夸父璀灰蝶，其幼蟲只會取食山毛櫸的嫩芽，族群數量也會隨之改變。

應對氣候變遷的方法

1 減少森林濫伐與不當開發，積極
維護森林。

2 進行完善的造林計畫與林業的永
續經營等。

3 使用在地生產的木材，
替代石化燃料製成的材
料，也有助減少碳排與
固碳。

妥善的造林，對氣候變遷有正面的影響。

人類排出
二氧化碳

森林吸收二氧化碳，
將碳元素固存於體內

樹林
釋放出氧

固存在樹木
的碳元素，
繼續儲存於
木材中

森林樹木
成為木材資源

再利用

工廠排出二氧化碳，
被森林吸收

製作成
各式板材

解體的木材可成為
燃料或再利用

木造建築、家具

都市林

泛指都市內及近郊的森林公園、植物園、綠地與行道樹等。都市林有助於改善都市環境、提供動植物棲息地，以及美化都市景觀，也提供人們親近自然和放鬆身心的好去處。

都市林的功能

改善熱島效應
都市林中大量的樹木，可以透過蒸散作用，讓樹葉不斷地散發出大量的水分，在水分蒸發時帶走熱能，達到降溫的效果。

淨化空氣
都市林中的植物可以吸收二氧化碳、產生新鮮的氧氣，也能吸附空氣中的汙染物，還有釋放芬多精，使空氣清新。

減少噪音
樹木的葉子可以吸收噪音，給人寧靜的感受。

提供動物棲地
豐富的植群，為都市裡的鳥類、蝴蝶與昆蟲等生物在增加生存的空間。

有益人們身心健康
都市林可以讓人們從事散步、運動、休息、賞鳥、賞蝶、賞花、騎自行車與享受森林浴等活動，藉此達到放鬆心情，消除疲勞的功能。

高雄新威森林公園的桃花心木步道綿延約 2 公里長，漫步其中予人涼爽舒適的感受。

為什麼樹木是天然的消音器？

　　森林裡的樹木具有濃密的枝葉，當噪音的聲波通過樹木時，樹葉會先吸收一部分的聲波，使噪音減弱。根據實驗，10 公尺寬的林帶，可以減弱噪音 30%，40 公尺寬的林帶，則可減弱 60%。因此，若在馬路兩旁栽種成排的行道樹，濃密的樹冠不僅能遮蔭，還能降低一部分的噪音。

　　此外，鬆軟的土壤或森林中較小植物所形成的自然孔隙，也有助於吸音，因此可以說樹木是「天然的消音器」。

大安森林公園草木濃密、生態豐富，是都市居民親近森林的好去處。

虎頭山公園裡的森林學堂。

從嘉義射日塔俯瞰嘉義公園。

森林公園

屬於都市林的一種。雖然森林公園是由人工打造的，但仍可透過森林公園看見部分荒野呈現的生命力，與多層次的植群生態。因為具有淨化空氣的功能，因而被視為「都市之肺」。

森林的療癒力

森林對人類的好處多多，像是從事森林浴活動有益身心，聆聽綠色音樂可以舒緩焦慮，植物與溪流之間散發的芬多精與陰離子，對人體也有很大的幫助。在這樣的環境中，也能帶給人適宜療養的效果，讓身心得到完美的放鬆。

有益身心的森林浴

很多人以為只要悠閒在森林中漫步，讓植物散發的芬多精，以及林木、溪流產生的陰離子籠罩全身，就是森林浴，但其實森林浴的意義不僅於此。森林浴一詞源自日本，但理論來自歐洲，指的是將身體交付大自然之外，還要配合有氧運動：快步走、深呼吸與靜思冥想，才是真正實踐森林浴的健康概念。森林浴可以鎮定人體自律神經，消除文明病，有助於人體的健康與心靈的平靜。

舒緩焦慮的綠色音樂

綠色音樂、森林音樂指的是自然環境中的聲音，包括動物聲響，如鳥叫、蟲鳴、蛙唱、猴啼，到風吹樹梢、瀑布聲、溪水潺潺聲、雨聲、潮聲、葉子從枝頭掉落、松鼠越過林梢等所有能在森林間可以聽到的聲音。如果將大自然的聲音錄下來，能營造出身處森林的自然環境，彷彿走進一座真實的森林，聽著蟲鳴鳥語，感受花草芬芳，呼吸微溼的空氣，感受腳底土地的呼吸。根據研究，綠色音樂可以讓人放鬆身心，尤其身處都市水泥環境中的人們，透過綠色音樂，可以有效降低焦慮，使心靈平和。

森林中的瀑布、溪流擁有大量的陰離子，有助於人體細胞的新陳代謝。

清新的芬多精

植物的葉、莖幹與花會散發出一種揮發性物質，可以殺死空氣中的細菌與黴菌，同時控制某些病原菌，這就是「芬多精」。不同的植物會散發不同的芬多精，殺滅不同的病原菌，使人感覺清新，充滿活力。

促進健康的陰離子

又稱負離子,即帶負電荷的離子。在森林中的溪流處,因溪水碰撞石頭或瀑布飛濺所產生的水花,讓許多陰離子懸浮於空中。人體在吸收負離子後有助於全身細胞的新陳代謝,增進血液循環與心臟活力,可鎮定自律神經、消除失眠。

陶冶性靈的體驗

森林環境中不同的形貌,會給予人不同的感觸,如登高山,眺望遠山,令人心胸暢快、開朗。處於封閉的山谷溪畔則令人充滿幽靜、雅致與閒適感。因此進入森林中可以有不同的生活體驗,進而浸淫其中,自然就能達到陶冶性靈、追尋高層次的創意靈感,這是人與自然共存共榮的境界。

適宜療養的環境

森林裡茂密的枝葉,可以調節林中的氣溫、溼度與氣流,使日夜溫差小、冬暖夏涼、空氣流通而清爽;樹木行光合作用,可以去汙淨化,提供大量新鮮空氣;樹木花草能散發各種芳香物質,有鎮靜、殺菌作用,能幫助新陳代謝,種種優越的條件都有助於改善神經功能、調整代謝過程,進而提高免疫力,加上森林的整體環境有助於放鬆心情,因此可說是最適合人居的地方。這樣的森林環境對於患有慢性呼吸道疾病、精神官能症或病後的療養都有所助益,除此之外,森林尚有調和的色彩、寧靜的氛圍,因此許多國家的療養院都設於森林中。

攀昇上樹,與大樹來場親密接觸。

登高望遠,使人心曠神怡。

觀察動植物,欣賞大自然的美。

森林與人

第 6 章

森林與人類文明

民俗植物

樟樹與樟腦

林業與林場

專欄：阿里山森林鐵路

台灣經濟樹種

竹子

森林副產品

森林與人類文明

森林對人類文明演進扮演著極為重要的角色，人類的食、衣、住、行、育樂都直接成間接來自森林，其中以造紙的發明與烹食的發現影響最深。此外，森林直接供給人類生活所需的木材和各種副產品，間接又具有多種水土保持與公益的效用，對於國計民生的影響既深且鉅。

森林與人類的生活

自古以來，人類就和森林有密切的關係。在遠古的傳說中，燧人氏鑽木取火、烹煮熟食，神農氏削木製作耕具，有巢氏以木頭搭建屋舍。不僅如此，人們也將樹葉當作衣物禦寒，採取林中野果充飢，用木材打造舟車以利行動。舉凡食衣住行，無不依賴於森林。時至今日，人類生活仍深受森林的影響。如森林的主產物木材，可作為人類居住的房屋、家具、車輛、橋梁、通訊電桿、農工器具、樂器、運動器材，以至於和文化承載文明的紙張等，多是以木材為主要原料。人類的文明可說完全建築在木材上，從出生的搖籃到年老後的手杖，木材幾乎是我們不可或缺的必需品。

在史前時代，人類就已開始利用木材供應生活所需：

① 利用木材烹煮食物或燒製陶器。
② 將繩子綁在木棍上，拍打陶器，做出繩紋裝飾。
③ 以樹皮製造粗布。
④ 利用木材、竹材搭建房舍。
⑤ 打造舟船。

紙張與文明

在紙尚未發明前，古代人類以石頭、磚頭、樹葉、樹皮、蠟板、銅、鉛、麻布和獸皮、羊皮、竹片、竹簡、絹帛，將文字記錄下來。據傳西元 105 年，中國東漢蔡倫在前人利用廢絲綿造紙的基礎上，加入樹皮、麻頭、破布、廢魚網等原料，成功製造一種既輕便、又經濟的紙張，從此改變人類的文明。由樹木為主要原料製造的紙，成為人類文明的紀錄載體，與知識教育流傳的關鍵。

紙的發明，改變人類的文明史。

森林文化

人類懷抱著尊敬與感恩的態度，善用森林、守護森林，發展出與自然共存共榮的思想、行為與生活方式。例如原住民舉辦耕田或豐收祭儀，感謝自然、森林給予的恩賜；或者詠唱詩歌、傳說故事，展現人與自然、森林之間互相依存的關係。森林文化也可以體現在宗教信仰、音樂舞蹈、文學藝術等方面。

早期人類依山傍水而居，日常生活多半取自森林，漸次發展出文明。

民俗植物

民俗植物多半是在早期人們在生活環境中，隨手就能取得的野生植物。民俗植物的使用，可以反映出各民族的食衣住行及其文化特徵，因此，從各民族所使用植物種類的差異，可顯示出不同的民族特色。許多早期原住民利用的天然植物，也慢慢發展成為經濟栽培作物。

主食與經濟作物類

如山蘇、樹薯、桂竹、芭蕉、米豆、樹豆、紅梗芋、小米、甘藷、箭竹、刺蔥、山胡椒（馬告）等等。

日常用品類

早期阿美族人以箭竹、泰雅族人以桂竹來築屋；泰雅族將苧麻抽絲編織衣物；以樹薯為染料、以無患子作為天然清潔劑；拿黃藤來製作家具、以芒萁、月桃編織提籃；用大丁黃來製弓、以玉山箭竹作箭；達悟族則利用各種林木來製作拼板舟與搭建房舍等。

芒萁。

祭祀類

如小米、生薑、檳榔、檳榔葉、香蕉葉及避邪用的榕樹葉、蘆葦、芭蕉葉等。

藥用類

如以樟樹提煉的樟腦油，可以用來塗抹驅蚊與蚊蟲咬傷；山胡椒果實用來解宿醉；決明子可以明目；金狗毛蕨的葉柄用來止血等。

達悟族的拼板船，依照各部位不同的功能需求，選用不同特性的木材搭建而成。

黃藤的莖可用來製作藤椅、藤床、籃子等家具和工藝品。

小米是原住民族重要的糧食作物。

在小米收成後，原住民部落舉行的收穫祭。

① 船底龍骨：台東龍眼
② 船首龍骨：蘭嶼烏心石、蘭嶼福木
③ 船尾龍骨：欖仁舅
④ 船身第一層：欖仁舅
⑤ 船身第二層：蘭嶼赤楠、大葉山欖
⑥ 船身第三層：麵包樹、大葉山欖、欖仁舅
⑦ 船槳：蘭嶼烏心石
⑧ 槳架：蘭嶼木薑子

月桃與編織

　　月桃是台灣常見的民俗植物，其特色是會開成串的花朵。葉片大而堅韌，表面具有蠟質，可作為粽子的包材，蒸熟後會飄散一股清香。

　　月桃的葉鞘有強韌的纖維，經過剝除、抽絲和曝曬以後，可以用來編織草蓆、草帽、背籃與提箱等手工藝品，既實用又美觀。球形的蒴果也有用途，內有數十棵種子，可以入藥。

月桃是台灣常見的民俗植物。

月桃果實為球形蒴果。

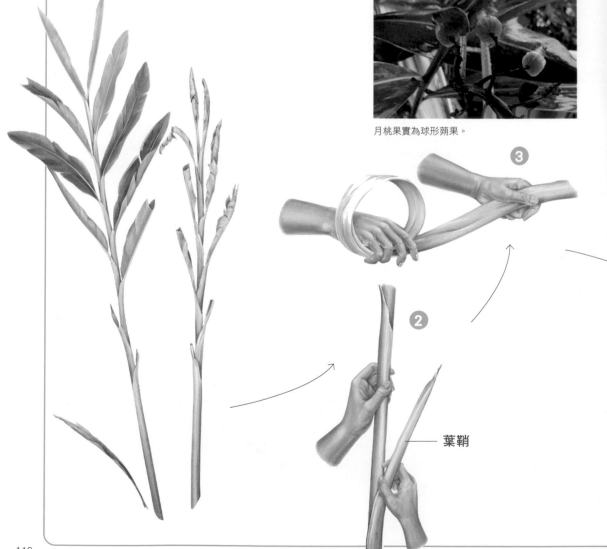

葉鞘

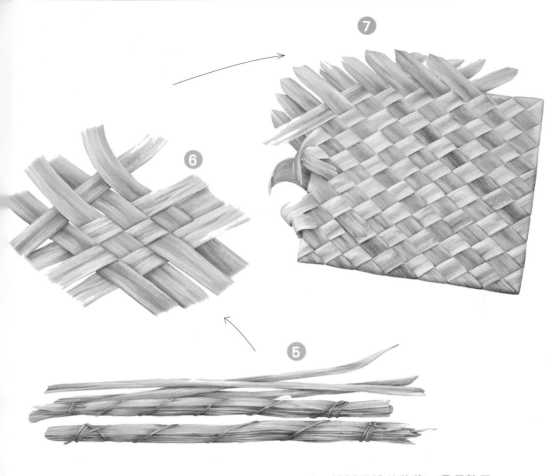

⑦

⑥

⑤

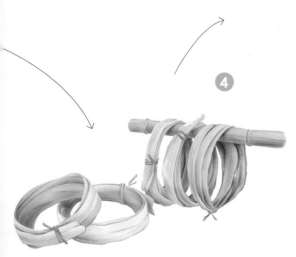

④

① 摘採月桃的莖葉，曝曬數日。

② 修除葉片，並將連結莖與葉的葉鞘，
一層一層剝下來。

③ 將葉鞘整平，將內面翻轉朝外，繞成
圓圈狀。

④ 固定葉鞘圈環，並掛起來晾曬，直至
完全乾燥。

⑤ 把圈環拆開、順直後，即可作為編織
的材料。通以細繩綑成束保存。

⑥ 編織時，多採用一壓一挑、上下穿插
的方式，持續織成所需的大小。

⑦ 收尾時，將尾端的部分剪成尖狀，再
往回穿，並將轉折的地方壓平，逐步
完成美麗的月桃編織製品。

樟樹與樟腦

樟樹是台灣重要經濟樹種之一，可以提煉樟腦油及白色結晶的樟腦，供工業製作賽璐珞、無煙火藥及香料等。在藥用上，可以消毒、防蟲與製作藥材，相傳泰雅族婦女在產後用樟腦沐浴，因而才有樟腦皂、樟腦膏、樟腦條等產品問世。

樟腦的製作與用途

將樟樹樹身切成片狀，以水蒸氣蒸餾產生樟腦油，再經過分餾器分餾，分別取得樟腦與其他成分，此時取得的樟腦稱為再製樟腦。天然的樟腦粉加工製成的天然龍腦可以製藥與做香料，如痱子粉、撒隆巴斯、龍角散等。

樟的樹葉與樟腦

台灣樟腦歷史

清治時期

樟腦、蔗糖、茶葉，被譽為昔日的台灣三寶。台灣的樟腦製造發展的很早，清末台灣的政治人物，如霧峰林朝棟就是以經營樟腦致富。到了二十世紀初，台灣即擁有「世界第一樟腦出口國」的稱號，產量曾占全世界 80%。1860 年（咸豐末年），製腦原屬清朝政府專賣事業，直到遭到英國的壓迫才廢除，讓外國人能自由買賣樟腦。1885 年（光緒 11 年），劉銘傳擔任首任台灣巡撫時又恢復專賣制度，後因英國抗議而改為課稅制。

日治時期

設立樟腦局，實施樟腦專賣制度，訂定樟腦砍伐、保護與造林計畫，獎勵民間大量種植，奠下台灣樟腦事業經營基礎。1930年代，世界賽璐珞工業興起，連帶使得樟腦用途大增，成為台灣財政四大歲收之一，直到第一次世界大戰，日本發動太平洋戰爭，才使台灣樟腦銷路日趨衰減。

戰後時期

樟腦事業由政府公賣局經營的台灣樟腦廠接手專賣，直到 1967 年因經營不善，結束營業後才開放樟腦加工，准許民間投資。

4. 樟腦寮煉製樟腦。

5. 將煉製好的樟腦油裝桶。

削切樟樹。

樟腦蒸餾裝置。

1. 將樟木砍下。

2. 將新鮮的樟木刨成樟木片

5. 將樟木片運送下山。

6. 運到市場販售

樟腦製作過程

121

林業與林場

自日治時期，日本人發現台灣山區蘊藏珍貴樹種，台灣林業進入大量開採時期。其中最著名的為三大官營林場：阿里山、八仙山與太平山，隨後，又開放日本民營，陸續於各地開辦林業，包括花蓮林田山、木瓜山一帶，以及烏來、羅東等，使這些地方因林業而興盛一時。

日治時期的三大官營林場

台灣盛產天然林，日治時期，為了開發台灣豐富的森林資源，日本陸續在台灣設立三大林場，分別是嘉義的阿里山、台中的八仙山，以及宜蘭的太平山。

以林場的面積和總出材量來比較，排名依序是阿里山、太平山、八仙山。三大林場的伐木種類以高山針葉林為主，如紅檜、台灣扁柏等，過去日本明治神宮的鳥居木材就是採自台灣丹大林區的檜木。

戰後時期的林場

日治時期設立的宮營與民營林場，多由國民政府接收與經營管理，包括阿里山、太平山、八仙山、巒大山、太魯閣、羅東林場等，以及台灣紙業公司經營的林田山林場，和花蓮縣政府管轄的木瓜山林場。

隨著森林保育觀念的興起，以及自 1991 年起天然林禁伐政策的施行，各地林場已陸續轉型為森林遊樂園區或文化園區。

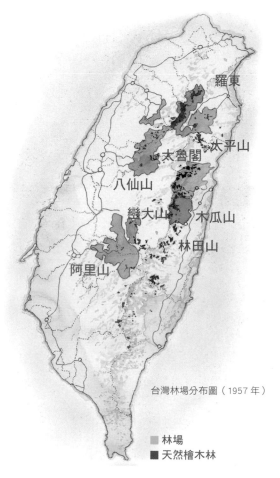

台灣林場分布圖（1957 年）

■ 林場
■ 天然檜木林

羅東林場的貯木池。早期在太平山開採的林木，多經由蘭陽溪流放至山下。現今貯木池已轉為生態、觀光用途。

林田山林業文化園區。

早期運材方式

河流
直接將砍伐下的木頭丟入河流，流至山下。

索道
架設空中索道，直接將木材綑綁好，經由索道滑到山下集木場。

利用索道綁木材，滑到山下集林場。

以木馬運材。

木馬
早期台灣民營伐木事業，多半以木馬運材。在山坡上以每隔 0.4 至 0.6 公尺的距離，將一根小圓木橫置路面，有如枕木，稱為盤木，然後以木馬裝載木材運送下山。

蹦蹦車
即簡便的台車道。因台車運行中會不斷發出蹦蹦聲，因而又稱為「蹦蹦車」。現已多轉型為觀光用途。

太平山蹦蹦車。

烏來觀光臺車。

日治時期運材台車，花蓮港木材會社。

日治時期太平山森林鐵道木材集中地。

鐵道
除阿里山鐵路外，日治時期，陸續於太平山、八仙山、林田山、木瓜山一帶興建山地鐵路，作為運材工具，但多屬軌距為 762mm 的窄軌鐵路。

卡車
因鐵道運輸成本昂貴、維修困難，遂由卡車取代森林鐵路成為山區最主要的運材工具。

台灣林業伐木流程

❶ 伐木作業

依照該年度的伐木預定案,選定伐
區以及材積。伐木工具早期為手
斧、手鋸,1950 年後大多改為鏈
鋸作業。

❷ 造材作業

將伐倒木削去枝節、截短(每 2 公
尺為一截)、以利裝運。

木滑道

❸ 轉材、集材

將散置各伐區的原木逐段集中。作
業工具或設施有鶴嘴鍬、轉材鉤、
土滑道、木滑道、木馬(橇)道等。

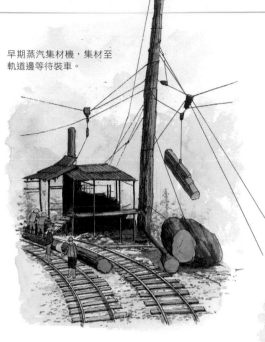

早期蒸汽集材機，集材至軌道邊等待裝車。

④ 架線集材

將伐區內所有原木以人力或機械轉移到架空集材線下方。架空集材線有多種架線方式，主要是在設立的主柱與尾柱間，張設架空鋼索，安裝承載與搬運的器具，經滑輪及收放兩條曳索操作上下進退，將原木曳向集材主柱下方裝車盤台或運材道邊。

⑤ 裝車作業

路邊設置裝材架空索道或行動吊車，吊取盤台或路邊的原木，放置到載材車（組成列車駛行於山地軌道，以動力機關車曳運至土場）或運材卡車（行駛林道直接抵達貯木場）。

⑥ 山地運材

因為地形限制與道路設施不同，載運方式不一：

(1) 最早期運材方式是將伐區原木轉材或滑行到溪邊投水，順流而下，稱做「管流」。

(2) 沿著山邊設置短距離木馬路，將木材放在橇具，以人力操控順坡而下。

(3) 環山沿坡設施山地軌道，將木材放在台車，組成列車以小型機關車曳行。若因地勢陡峭瀕臨斷崖，則設置運材架空索道或伏地索道，每台材車放在下面的軌道，組成列車繼續運材，抵達土場。

山地火車運材，過溪谷處必須構建高架橋樑。

7 土場作業

山地軌道運材至土場後，將列車上的木材傾卸於路邊或盤台，以備換裝到平地運材載具。

8 平地運材（鐵道）

平地運材設施，有森林鐵路如太平山及八仙山林場。

❾ 平地運材（卡車）

有卡車林道如巒大山林場，望
鄉山先是台車軌道運材，後改
為林道卡車運材。

二次大戰期間，作戰及運兵工
具精進，內燃機械性能大增，
台灣林木的集運裝卸均由外燃
機（蒸氣）改為內燃機（汽油、
柴油），甚至是電力作業。

❿ 貯木作業

運材車駛抵市鎮的貯木場驗收，操作卸材、整堆、以待標售或運送製材工廠。

阿里山森林鐵路

阿里山森林鐵路是昔日最重要的林業運材道路，也是台灣最早興建的森林鐵路。在日治時期是為運送木材而興辦，現今則成為重要觀光景點。由於鐵路從低海拔一路爬升至高山，沿途可以看見不同森林帶的植物景觀變化。

興建歷史

阿里山森林鐵路興建於 1903 年（明治 36 年），是台灣最早興建的森林鐵路。當時台灣總督府計畫開發阿里山森林，為運送木材而興建鐵路。

1906 年（明治 39 年）開始動工，1912 年（大正元年）12 月嘉義至二萬坪正式完工通車，全長 66.6 公里。

後來隨著森林開發業務發展的需要，路線延展至阿里山，並逐漸增設支線。其中部分支線於作業完畢時先後拆除，本線及主要支線仍保留使用，路線長度約 71.4 公里。

阿里山森林鐵路本線分平地及山地兩線段。嘉義至竹崎為平地段，長 14.2 公里，行經路線地勢平坦，坡度小。竹崎至阿里山為山地段，長 57.2 公里，沿途地勢陡峻，山巒重疊。

阿里山森林鐵路最初的興建目的，是為了載運木材。

日治時期的阿里山神木與森林鐵路。

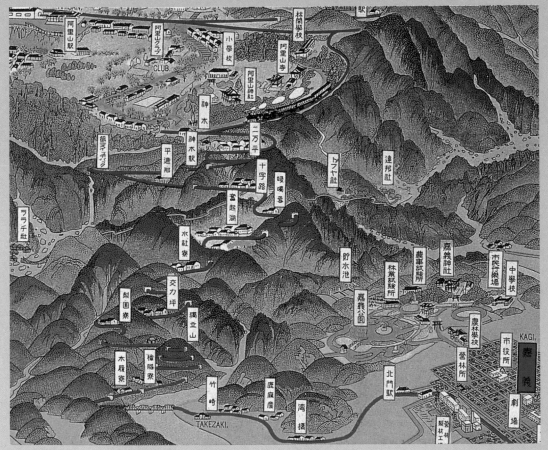

在日治時期的鳥瞰地圖中，可以看見阿里山森林鐵路穿行於重巒疊嶂中。

路線特色 1：獨立山螺旋

獨立山的地形陡峭，無法直接爬升，因此設置一段約 5 公里的螺旋狀軌道，盤旋三圈才抵達山頂。當火車迴旋上山時，可在車上三度看到忽左忽右的樟腦寮車站。

路線特色 2：Z 字形折返

在第一分道至阿里山車站的路段，地形太過陡峭，腹地又不足以讓列車直接轉彎，因此採取「Z」字形路線，讓列車以一進一退、重複折返的方式爬升。由於火車有時往前推、有時倒退走，像是碰到山壁而折返，有「阿里山火車碰壁」之稱。

豐富的林相與景觀

阿里山森林鐵路由海拔 30 公尺的嘉義市升高到 2,216 公尺的阿里山，沿途可觀賞到熱、暖、溫三層森林帶植物種類變化，以及山脈、溪谷的美麗景觀。

阿里山森林鐵路沿線有秀麗的森林植群景觀。

台灣 經濟樹種

台灣貴重的針葉五木：台灣扁柏、紅檜、台灣杉、香杉、台灣肖楠，以及屬闊葉樹的樟木，是台灣重要的經濟樹種，也是日常中最被廣泛運用的木材。

台灣針葉五木

日治時期，外國植物學家來台進行森林資源調查，發現有五種針葉樹分布遍及全島，木理通直、有特殊香氣與色澤，且均為優良的木材樹種，讚嘆為「台灣五木」，即今日所稱台灣針葉五木：紅檜、台灣扁柏、台灣肖楠、台灣杉、香杉（巒大杉）。針葉五木都是台灣原生珍貴的樹種，並經木材市場評等為「針一級木」，極具經濟價值。

台灣闊葉五木

最初台灣五木都是針葉樹，後來學者建議依據木材的蓄積量、可利用性及經濟價值等，自闊葉樹中選出闊葉五木：台灣櫸、烏心石、牛樟、樟樹、台灣擦樹。相對於針葉樹，闊葉樹質地較為堅硬。針闊葉五木均屬材質優越樹種，不易腐朽，為上等的建築、家具用材。其中樟樹更具有歷史文化的價值。

硬木

一般所說的硬木，指的是闊葉樹的木材，因為闊葉木組織裡同時具有導管與假導管，質地比較堅硬，故稱為硬木。硬木因為堅固耐用，多半用來製作地板、家具等，缺點是容易龜裂。除了闊葉五木，相思樹、大葉桃花心木、苦楝也是常見的硬木木材。

軟木

針葉樹的木材組織只有假導管，木材質地柔軟，所以叫做軟木。針葉類的軟木多半含有精油成分，具有抗菌、抗蟲的效果，而且比較不容易變形，因此多被用作梁、柱、門、窗等。

桃園忠烈祠暨神社文化園區的建物，使用珍貴的檜木建造而成。

常見木材特性

檜　木	台灣扁柏與紅檜在台灣合稱為檜木，是優良的經濟樹種。檜木樹形巨大、直徑粗大、材質強韌、木肌細密、木理及色澤優美，耐腐性特強，又具有芳香與柔和觸感，屬上等建築、家具用材。
台灣杉	邊心材、春秋材及年輪明顯，木理通直、耐蟻性極強，加工易，可供建築、製作家具用。
香　杉	邊心材、春秋材明顯、年輪時寬時窄、木理通直均勻、木肌精緻、密度小、耐蟻性強，加工易，可供建築與棺木使用。
台灣肖楠	邊心材、春秋材、年輪不明顯、木肌細緻、密度中庸、紋理細緻、富光澤、具有天然香味、耐蟻性強，可供建築、家具、雕刻、棺木及線香、神桌之用。
樟　木	邊心材區分明顯，材質較檜木堅硬，有樟腦氣味，能防蟲蛀，適於做衣箱、衣櫃、雕刻及建築等用途。

台灣扁柏樹形巨大，木材紋理細緻，具芳香及辛辣味，是極為優良的木材。

阿里山檜木巨木

天然檜木保育

全世界的檜木僅產於三處：日本、台灣與北美。根據統計，台灣原有的天然檜木純林總面積大約有 10 到 11 萬公頃，日治時期與 1950～60 年代大約砍伐了 50%，大多集中於西部山區，東部檜木林保持較為完整。

1991 年起，政府已全面禁伐天然檜木林。近年來，更陸續以造林方式回造檜木林，並透過立法，劃定國家公園、自然保留區、國有林自然保護區等，保護檜木林並禁止開發，以減緩檜木的消失。雖歷經砍伐，但仍有許多紅檜巨木林散置於深山，成為台灣具全球獨特性的檜木巨木群景觀。

除了阿里山、拉拉山等生態環境教育與展示的必要外，檜木巨木群並不宜全面公布，因為減少人類的干擾，就是保護檜木巨木最好的方法。

瑪夏圖書館採用台灣在地的柳杉為主建材，外觀造型融合當地常見的曼陀羅花，以及原住民傳統會所的建築特色。

阿里山人工檜木林。

森林的利用與保育

人類生活中經常使用的木材、紙製品都取自森林，如果為了供應人類所需，不當開發天然林或變更林地，使原始森林消失，不僅干擾生態環境的平衡，也不利於森林資源的永續經營。因此，國際上許多組織發起行動，保護天然林、改善森林的經營，以及控管木製品的材料來源與產製過程，讓珍貴的森林資源得以生生不息。

國際森林認證：FSC 與 PEFC

FSC

森林管理委員會（Forest Stewardship Council，FSC）的簡稱，成立於 1993 年，是獨立的非營利、非政府組織，成員包括綠色和平、世界自然基金會（WWF）等環保組織，還有來自各國的企業代表或社會團體。

FSC 的成立宗旨，是採取對環境負責、對社會有益、在經濟上可行的原則，設定一套驗證標準。驗證範圍包含森林的管理、木材的來源，到所有林木產品的產製過程。

貼有 FSC 認證標章的林木產品，如建材、家具、紙張及其他與木纖維有關的產品，代表其原料來自適當管理的森林，而且在採伐到加工製造的流程中，沒有混入其他來源不明的木材。

PEFC

森林驗證認可計畫（Programme for the Endorsement of Forest Certification，PEFC）的簡稱，是在 1999 年成立的非營利、非政府組織。藉由第三方的驗證制度，確保林木產品來自可持續經營和對環境友好的森林。

竹子

位居亞熱帶的台灣，十分適合竹子生長。由於竹材表面青翠的顏色，與可快速繁殖的特性，使竹材運用廣受喜愛，用途也十分廣泛。台灣重要的經濟竹類為麻竹、桂竹、孟宗竹、刺竹、長枝竹及綠竹等6種。

桂竹

表皮堅韌、抗彎度強，適宜做工藝、編織材料；桂竹筍則可供食用。

孟宗竹

質地細緻且彈性良好，不僅是建築或編織竹器的良材，也適合做竹雕。特別的是，孟宗竹在冬天能長出竹筍，以「冬筍」聞名。

麻竹

竹桿粗直高大，竹節堅硬，不容易劈裂。因含有較多澱粉，甜份較高，又稱為甜竹。麻竹筍可食用；竹葉大而有香氣，常用來包粽子；竹桿則可供建材、家具等使用。

刺竹（莿竹）

竹桿堅韌粗厚，帶有尖刺，早期台灣居民常以刺竹打造防禦性的圍籬。由於刺竹對環境的適應力強，也適宜作為防風林。

長枝竹

節間特別長，質地柔軟，容易劈成薄細竹片，用來編織農用器材，如米篩、畚箕、斗笠等。

綠竹

綠竹筍的味道鮮嫩甜美，最主要的用途是供作食材。

溪頭孟宗竹林。

竹子的用途

竹子全株都能使用，用途更是廣泛，從早期的食物、日常生活用品，到最新研發的各種高科技能源，應用十分廣泛。

竹筍。

食用

剛冒出嫩芽的竹筍是最可口的桌上佳餚，如綠竹筍、桂竹筍、麻竹筍、箭筍等；竹葉則可用來包粽子。

工藝、編織品

竹子的韌性強，可依所需，製作成各種形狀的物件。

桂竹是台灣重要經濟竹種之一，其表皮堅韌、抗彎強度大，適宜作工藝、編織材料。

日常生活用品

竹桿可以製作家具、筷子、掃帚、農具、竹筏、扁擔、釣魚竿；竹籜可以做斗笠；或製作玩具，如竹蜻蜓、製作樂器等。

竹橋。

建築材料

早年竹子曾是台灣重要的造屋材料，此外，還可以搭鷹架、棚架、圍籬、築橋等。

竹炭產業

將傳統竹子轉型升級，廣泛運用於食品、清潔沐浴、紡織、水質過濾、環境改良、醫療保健、樂器等。

竹炭的功能

竹炭是一種多孔質的天然有機材料，可以吸附有害化學物質，如硫化物、氮化物、甲醇、苯、酚等，還有分解異味與吸除濕氣的作用。此外，經過 700℃ 以上高溫燒製的竹炭，可以散發接近人體的遠紅外線，加快血液循環，以及遮蔽部分電磁波的功能。

竹炭的製作

竹炭

選用 4 年以上的成熟竹。
經過採伐、裁切、清洗與剖片後，進行煙燻、乾燥程序，再放入窯內進行炭化作業。

台灣竹產業的發展

清代時期

早期各地建築城垣，多種植刺竹來防禦。人們居住的竹梢厝，主樑、屋頂通常採用竹子為棚蓋，牆壁則用竹材編織，再塗抹上漿土、石灰等。竹轎也是清代常見的交通工具，穿越溪流則藉助竹筏來運載人與貨物。

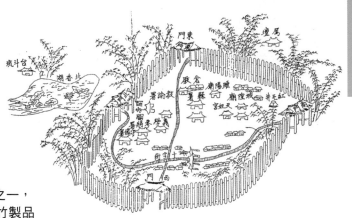

日治時期

生筍與筍乾是當時最重要的農產品之一，大量外銷至日本與中國華南地區，竹製品則多輸往日本、美國。這時，竹細工手工藝也開始朝向產業化。

戰後時期

1960 年代，國際市場對東方竹製品的需求日益增加，當時台灣外銷產品以原竹、竹竿、釣竿、傘柄、竹藝飾品為大宗，使台灣從事竹藝加工者多達兩萬人，其中又以台南關廟最盛，全鄉有一半以上的人口從事竹藝工作。在內需方面，由於戰後台灣農業恢復迅速，各種農具的需求量也增加，帶動了竹材產業的發展。

1970 年代左右，因應台灣竹製品加工技術的提昇與出口成長，政府輔導竹材加工業的發展，如設立竹材加工區、開發加工機器、培養美術工藝科人才、提升業者技術，並先後在竹山、草屯、關廟、鹿港、布袋等地，成立竹材加工技術訓練研究班，台灣竹產業進入鼎盛時期。

1980 年代以後，大量塑膠製品替代竹製品，以及加工廠外移等因素，竹產業逐漸沒落。如今順應環保意識的抬頭，竹材與竹製品再度受到重視。

臺南關廟的一棟古厝，屋頂採用孟宗竹及長枝竹構建。

台灣有哪些與林業有關的地名？

　　早年的移民拓墾時，大多闢林以建屋，或是緊鄰森林而居，因此許多聚落的命名常與林業相關。

地名含「林」字：如林口、茂林、秀林、二林、柑林、坪林、林子尾等。

以「樹種」為命名依據：其中「茄苳」多達18處，還有如老梅、九芎、莿桐、楓樹、苦苓等。

以「竹」字為名：多達 113 處，最常見的有竹圍子、竹圍、竹林、竹坑、新竹、路竹等。

以早年台灣最具經濟價值的森林野生動物「鹿」為名：全台有 63 鄉鎮市的行政轄區以鹿命名，如新竹鹿寮坑、台南鹿耳門等；而以「鹿」字命名的更是不勝枚舉，如鹿港、鹿谷、鹿野、鹿林等 216 處。

以台灣最具歷史意義的經濟樹種「樟樹」為名：如台北的樟樹湖、汐止的樟樹灣、石碇的樟空子、名間的樟樹腳、關西的樟腦寮坑等。

以「森林產業」為名：如鶯歌的茶山、雙溪的料角坑、陽明山的磺嘴溪等。

森林副產物

森林的主產物指生立木、枯損、倒伏的竹木及餘留的根株、殘材,副產物則指樹皮、樹脂、種實、落枝、樹葉、灌藤、竹筍、草類、菌類及其他主產物以外的林產物。

工藝材料類

如蓪草、黃藤、菊花木等。

蓪草莖幹裡的白色髓心可以刨製成天然紙材,稱為蓪草紙,也可用來製作手工藝製品或紙花。

蓪草。

食用類

如愛玉子、竹筍、菌菇類、鹽膚木與椴木香菇等。

鹽膚木的果實有乳脂狀物質,早期原住民常以其代替食鹽。

椴木香菇

藥用類

紅豆杉、土肉桂、金線蓮、靈芝、杜仲等。

土肉桂。

紅豆杉因紅色果實而得名,其樹皮可提煉出紫杉醇以製作抗癌藥物。

香料類

肉桂、山胡椒、樟樹、檜木等。

山胡椒又稱馬告,具有辛香,是許多原住民族傳統飲食中重要的香料。

飼料類

豆科、構樹、山黃麻等。

油脂類

可可、椰子、油茶等。

樹脂類

松類、漆樹、橡膠樹等。

單寧及染料類

紅樹、兒茶、相思樹等。

愛玉採收後,經過清洗、削皮,剖開讓瘦果露出,接受日曬或烘乾。

如何用愛玉子做愛玉凍?

　　愛玉子是桑科榕屬常綠藤本植物,植株藉由不定根攀附於岩壁或樹幹上,主要分布在海拔 1,000 ～ 2,000 公尺山區闊葉林中。果實為長倒卵形,表面綠色,成熟時為黃綠色或紫色,有白色斑點。1 至 11 月為果實成熟期,採集後,縱切剖開,並翻轉讓瘦果露出,曬乾後刮下的瘦果,就是俗稱的愛玉子。瘦果為雌花經授粉、授精形成,外表含有豐富膠質,將其放入乾淨的紗布包,浸於冷開水約二、三十分鐘後,用手搓揉,即形成淡黃色、半透明的膠體,靜置約半小時後,即凝成愛玉凍。

森林經營與育樂

第
7
章

森林資源調查與監測

森林復育與管理

森林消失的原因

森林大火

生物保育

林道

保安林

森林步道

森林與休閒

森林遊樂與自然教育

森林資源調查與監測

森林是國家重要的天然資源，也是環境永續的指標的一，定期進行森林資源調查，可以掌握森林環境發展的概況。

森林資源調查

調查項目包括森林面積與林木蓄積（在一定範圍內的林木材積）。同時，也要掌握林木的生長與枯損、生態系統的健康、森林的碳匯量（二氧化碳吸存量），還有公益的效能與價值評估，以及依附森林生存的野生動植物現況等。

長期調查的重要性

森林的組成與結構並非一成不變，隨著環境的變遷與時間的演替，呈現動態的變化過程，因此持續及有系統地透過樹種組成、林木生長、以及外在環境等相關數據的蒐集與分析，可以使我們更加了解森林，作為森林生態系經營的參考依據。

調查的方法

依據調查目的與調查範圍的空間尺度而有不同的方法：

小區域的調查
調查採用實地測量，並記下調查範圍內每株林木的種類、株數、胸徑、高度等資訊。

大範圍或全國性的調查
通常須藉由適當的取樣設計與統計，甚至與航測與遙測技術結合，才能獲得所要的資訊。

長時間定點觀察
除了空間尺度上的分布的外，了解森林隨著時間而產生的變化，也是重要的課題。可以長期在同一地點進行更細微的觀察，以掌握森林中不同樹種族群間的動態變化。

胸徑

樹高

在樹的 130 公分高測量胸徑

調查結果的應用

以往森林資源調查的目的，主要在於木材的生產與利用，因此調查內容多著重於森林面積與林木蓄積量，成果多用來編擬伐採與更新等經營計畫。

隨著社會經濟發展以及對環境保護觀念的提升，森林資源經營已從過去追求經濟效益，逐漸轉變為兼顧社會、經濟與生態的多目標經營模式，並朝向永續經營的理想為準則，因此資源調查的目的不再偏重於木材的生產與收穫，藉由資源調查的成果，可以作為森林對社會、經濟、與生態貢獻的評估，以及國家環境永續指標與綠色國民所得（GeGDP）的重要參考依據。

森林碳匯調查

隨著人為溫室氣體排放所造成的全球暖化問題日益加劇，森林吸收與貯存二氧化碳的碳匯功能開始受到重視，因此森林的健康以及碳匯能力，也成為森林資源調查另一個主要目的。

野生動物監測

野生動物的調查與監測方式，因為目的與對象而有所不同。一般而言，野生動物的調查與監測，多以容易收集活動跡象或聲音的大型哺乳類、鳥類及兩棲類為對象，監測方式多採蒐集動物痕跡或自動攝錄活體影像、實施長時間定點自動錄音方式，並利用衛星時間比對方式結合 GPS 定位資訊，建立具有音像資訊的地理資訊資料庫，擴大調查資料蒐集面。

此外，藉助專業機關或學校研究機構，進行音像資訊判讀及分析，獲取客觀而精準的動物數量、棲地利用及時空分布數據，可當作野生動物保育與經營管理的重要資訊。

運用衛星科技

從 1972 年美國發射第一枚地球資源衛星開始，對地表資源的探測就是人造衛星的主要任務之一。利用衛星涵蓋範圍廣以及可定期獲取資訊的特點，能迅速獲取較宏觀的地表資訊，協助人類克服現場調查的地形阻礙，也可以大幅減少調查時間與成本。

除此之外，由於衛星遙測所利用的光譜範圍遠大於人類肉眼所見，再加上植物對光譜中不同波段吸收與反射的差異特性，能用來偵測在外觀上難以察覺的林木健康情況的改變，因此可以說衛星科技是森林資源調查的利器。

森林的聲音監測研究設備，可以長時間定點收集大型哺乳類、鳥類及兩棲類的活動跡象與聲音。

利用紅外線攝影機，可以監測野生動物的活動。

森林復育與管理

森林是地球重要的自然資源之一，也是環境保護的最佳屏障。隨著工業的興起，使全球森林面積逐漸減少。為了回復森林的生態平衡，可以透過妥善的造林加速植群復育，提高森林覆蓋，讓珍貴的綠色資源得以生生不息。

造林

造林是復育森林的方式之一，可分為人工造林與天然更新兩類。現代人工造林基於生態永續經營概念，多以混合造林的形式，有效提供林下庇蔭，改善林地微氣候，並提供當地原生植物物種良好的生育環境，還能阻止土地的持續退化。

造林目的轉變

隨著社會環境的變遷，台灣森林的角色由經濟生產造林，逐漸轉為以維護生態原則來從事造林，著重在水源涵養、國土保安、自然保育、森林遊樂、環境舒適等效益。

休養保健
環境美化
林木生產
固碳
陶冶性靈
自然教育
森林遊樂
生態保育
國土保安

單一樹種造林

優點

在某一片土地上栽植一種樹種，林相單一，在應用技術與管理上較為單純，成本較低，而且可在短時間獲得最高量產。早年台灣造林的目的著重於木材生產，大部分種植高經濟價值、生長快速的純林。

缺點

單一樹種造林的林相單一，能載育的生物種類與數量不高，無法達到生物多樣性的目的，而且屢次更新容易造成地力衰退。此外，單一樹種造林容易引起病蟲害，造成「一株受害，全族遭殃」的情況。

台灣赤楊是低至中海拔山區造林及水土保持的重要樹種。

柳杉在日治時期引進成為重要造林樹種，除作為建材用途，亦提供水土保持、森林遊憩、生態保育教育等功能。

混合造林

在一片土地中採用兩種以上的樹種造林。混合造林的成本較高,且因樹木的生長期不同,比較難在短時間內獲得快速回收。不過現在為了配合水土保持、自然保育及生態系經營理念的發展,世界各國多逐漸朝向混合造林努力。

原生樹種優先

復育造林時,選擇各地原生的樹種,有許多好處:

保留自然景觀

原生植物提供優美、質樸而且具有當地風味特色的景觀,有助於維持鄉土景致特色及自然遺產。

維護生態

原生植物與相伴生活的動物經歷長期的共同演化,和生態系的其他生物可共存共榮,也為野鳥、蝴蝶等無數野生動物提供較多的食物及棲所。

降低汙染

原生植物較適應當地土壤,不必施加太多肥料。相對來說外來植物則常需大量施肥,肥料中的磷及氮容易引起河川、湖泊水質汙染。

病蟲害

原生植物具有較強的抗病蟲害能力,可以減少使用農藥。

水土保持

原生植物可以適應當地環境,少風害、旱害,並可增加土壤貯水及水土保持功能。

易於管理

種植原生植物可以大量節省管理及日常維護等經費。

強化認同

使用原生植物可以強化人們對土地的認同感。

觀霧森林火災後,林務局施行的紅檜造林。

撫育作業

林木的撫育作業是造林工作中重要的一環，是指使用人力或機械等方式，減輕妨害林木生長的生物及氣象因素影響，增加生長空間，減低枝幹受損，保持下層空氣流通，以促進苗木成林並提高林木品質的工作。撫育作業的內容包括：割草、除蔓、修枝、疏伐、除伐、施肥、病蟲害防治等。

林地分區

近年生物多樣性觀念興起，林業經營更加重視自然資源的維護與永續利用。但在維護森林資源的外，也須考量國內木材的供應需求，如果高比例地使用國外的木材資源，也有失公平正義。因此，在顧及保育與國土保安的前提下，將全台灣的林地分級分區，才能以便合理的運用森林資源。

林地分區類別

國有林地可依據不同的經營目標，區分為自然保護區、國土保安區、林木經營區、森林育樂區等 4 種。

自然保護區

維持生態多樣性與保水固土。目前台灣有 6 個自然保護區。

國土保安區

保護國土，配合適當治理，進行森林復育與撫育作業。

林木經營區

培育具有經濟效益的林木與副產物。

森林經營區

提供民眾生態旅遊與森林育樂活動。

漂流木是怎麼來的？如何處理？

漂流木的形成多肇因於台灣集水區中上游屬變質岩地區，地質複雜，岩層強度差，遇上颱風或豪雨便容易產生崩塌，使得林木隨著崩塌的土石流至河道、海灘或農地，而依照森林法規定，漂流木於天然災害後，由當地政府打撈清理，交由農政單位，將具標售價值的漂流木加以標售，不具標售價值的漂流木，則加以掩埋或再生利用處理。漂流木若一個月後政府未及清理註記完畢，民眾可自由撿拾。

漂流木

台灣自然保護區

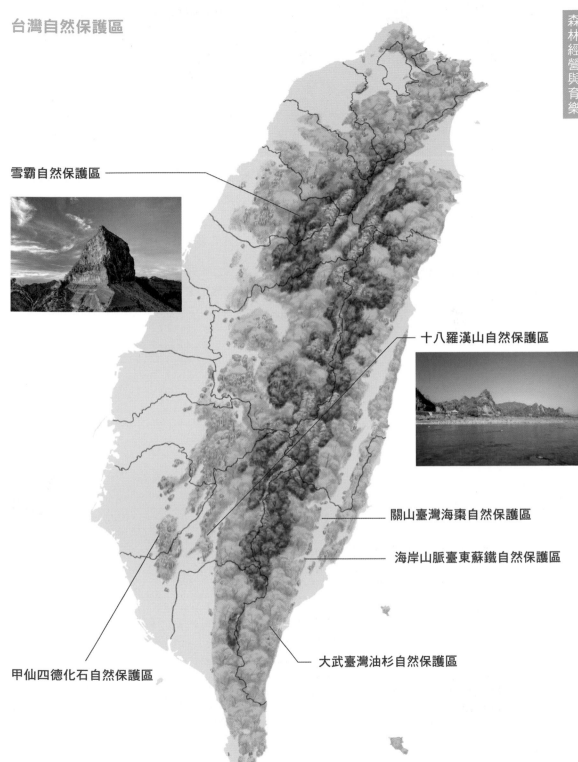

雪霸自然保護區

十八羅漢山自然保護區

關山臺灣海棗自然保護區

海岸山脈臺東蘇鐵自然保護區

大武臺灣油杉自然保護區

甲仙四德化石自然保護區

森林消失的原因

森林是地球上最大也最複雜的生態系之一，根據科學家推測，地球上的森林如果完全消失，將會使得陸地上90%的生物消失，超過450萬種生物滅絕，70%的淡水流入海中，造成地球暖化與溫室效應加劇。不僅多數生物無法生存，人類的前途也受到極大的威脅。

自然災害

1 因地殼構造產生變動，引發土石崩塌、位移或海嘯等，致使森林消失或消滅。

2 不正常氣候，如風災、豪雨、雪害等。

3 火山爆發、雷電引發自燃的森林大火。

4 森林內病菌、昆蟲產生的疫病蟲害。

人為威脅

1 因為人口增加，開墾林地或轉為農牧用地或建地、露營區。

2 盜伐林木，破壞森林與野生動物棲地，或影響林木的復育。

3 因為人類活動不慎引發的森林火災。

4 過度工業化導致空氣或水源汙染、氣候暖化、土壤酸化，間接對森林造成傷害。

極端降雨可能導致林地發生土石流，除了對森林生態環境造成影響，同時也可能危害下游居民生命安全。

如果森林消失了，會發生哪些事？

沙漠化

　　沙漠化與沙塵暴的產生，均肇因於森林的消失與過度的放牧。土地沙漠化多出現在熱帶至溫帶、氣候乾燥、雨量較少的地區。當森林過度遭到砍伐，成為耕地、放牧地，或人類居住地後，地力便逐漸消失，植群恢復困難，逐漸退化成原生裸地的荒漠地質，即土地沙漠化。

沙塵暴

　　形成沙塵暴的條件有三：大量砂源、冷暖空氣交互作用，與強風。土地沙漠化後形成的大量砂源，在冷暖空氣交互作用下，就很容易產生垂直的上昇運動，若剛好遇上強風，便形成沙塵暴。根據統計，全球森林面積每年以 1,700 萬公頃的速度消失中，若無法有效復育，而土地又過度使用的話，土地沙漠化與沙塵暴將日趨嚴重。

近年興起的露營熱潮加劇森林消失的速度，與林地過度開墾同為政府應該重視的問題。

森林大火

森林大火的原因，包括由閃電、雷擊、焚風或火山爆發等自然因素所引起，以及燒墾林地、吸菸、狩獵、炊火或建築物失火延燒等人為因素造成。根據統計，在台灣的森林火災發生原因以人為因素為主，因此防治工作更為重要。

閃電引起的森林大火

閃電是一種自然放電現象，通常都伴隨著雷雨出現。夏季時，高空中經常會聚集許多雲團，不斷地相互摩擦，從而產生大量的電荷。正電荷在雲的上端，負電荷則在下方，介於雲與地間的空氣為絕緣體，阻止兩極電荷的流通。當兩極電荷形成的電壓大到可以衝破絕緣的空氣時，就會穿過空氣放電，閃電就發生了。

樹木因為體形比較高大，樹幹又是電的導體，若剛好被電閃擊中，就容易引發森林大火。

森林大火對氣候的影響

在短期內，大火的濃煙對空氣品質造成影響，並減低太陽光的入射量，減少對地表的加熱。長期來看，大火會改變地表植被，在沒有林木遮蔽與阻隔下，太陽輻射會使得地球溫度上升，造成氣候暖化。

對生態的負面影響

森林經過大火焚燒後，會造成地表裸露，回到演替的最初期狀態。此時除了少數的陽性草本植物、樹木能萌芽生長，多數的植物皆無法生存，必須經過長期的植物演替過程，才能回復極盛期的森林景觀。而森林也是野生動物賴以生存的重要棲地，野火不僅造成野生動物的死亡，也破壞了棲息空間與食物鏈的平衡。

對生態的正面影響

野火對於森林生態也有正面的功能，例如，某些植物因為林冠鬱閉、林下種子發芽繁衍不易，藉由野火，可將堆積的落葉清除，也可更新取代老樹。台灣二葉松就是在火災之後更適於生存的植物。還有一些土壤在長期供給林木成長後，養分耗盡，若遇上不易腐爛分解的枯葉堆積，便無法讓養分回歸土壤，而野火後的灰燼恰可促進能量循環，維持養分的供應。

富含松脂的針葉林或玉山箭竹林在乾燥氣候下，因枝葉本身摩擦起火或者枯枝落葉堆積發酵起火，偶爾也會引起火災。

野火有利台灣二葉松的種子萌芽與老樹更新。

369 山莊後方發生森林大火後相隔兩年的樣貌，可見草本植物已逐漸覆蓋地表，但木本植物仍未復原。

對土壤的影響

經火焚燒後裸露的地表，會加速土質劣化，也會加強雨水的沖刷、侵蝕力。當下雨時，地表逕流增加且挾帶泥土，不但會降低森林對水土保持與淨化的功能，更會增加土石流發生機會，造成水質劣化。而水質的劣化則會降低水庫的壽命。

發生森林大火時，怎麼辦？

應立即通報林務局或就近林區管理處工作站，消防單位、警察單位，或撥打防火專線。0800-000-930（您您您救山林），以及 0800-057-930（林務局救山林），也可撥打 119 緊急電話。

生物保育

生物是地球生物演化的基石，對於森林生態的平衡扮演著關鍵角色，若森林中的生物消失，或無法發揮其原有功能，將會導致森林生態系失衡，間接造成森林的衰亡，甚至影響人類的生存。因此保育森林中的生物，維持生物的多樣性是刻不容緩。

生物多樣性

生物多樣性一詞最早於 1986 年提出，當時是指對地球上所有植物、動物、真菌與微生物物種種類的清查。演變至後來則擴充到地球上生物世界與環境的所有層面，包括

1 不同個體的基因多樣性。
2 組成各生物群落的物種多樣性。
3 不同棲息環境組成的生態系多樣性。

特有種

特有種是指在某一地區經過長期演化形成適應當地環境的物種，該種僅分布、生長於某一特定地區內，其他地區則不見其生長與分布，因此為該地區的獨特資源。

珍貴稀有植物

依據「文化資產保存法」第 76 條及 79 條規定的指定公告，「珍貴稀有動植物」係指本國特有，或族群數量稀少、或有滅絕危機的動植物。

「文化資產保存法」公布實施後，共指定 23 種珍貴稀有動物，以及 11 種珍貴稀有植物。

民國 90 年 9 月 27 日，農委會將 23 種珍貴稀有動物與 3 種珍貴稀有植物公告解除。

91 年 1 月 14 日又公告解除 3 種珍貴稀有植物。

108 年 4 月 23 日公告解除台灣油杉。目前被列為珍貴稀有植物的僅有：台灣穗花杉、南湖柳葉菜、台灣山毛櫸、清水圓柏 4 種。

保育野生動物

依「野生動物保育法」第 4 條規定，野生動物可分為保育類及一般類兩種，其中保育類野生動物又可分為以下三類：

瀕臨絕種野生動物：族群量降到危險標準，導致其生存已面臨危機的野生動物。

珍貴稀有野生動物：指各地特有或族群數量稀少的野生動物。

其他應予保育野生動物：指族群數量雖未達稀有程度，但生存已面臨危機的野生動物。

臺灣有哪些外來種植物？

在生態多樣性所面臨威脅當中，外來種的入侵是嚴重的問題之一，對當地的農業生產、景觀、衛生與生態環境都會帶來負面衝擊。

因為外來種與本地生物，未經共同演化過程，如果不是被淘汰、就是大量繁殖，對本土生物產生排擠現象，不利原生種生長。台灣常見的外來種植物包括馬纓丹、巴拉草、銀膠菊、布袋蓮等，威脅性最大的外來種植物則首推小花蔓澤蘭與銀合歡。

小花蔓澤蘭

小花蔓澤蘭

原產自中南美洲的小花蔓澤蘭，已蔓延至全台坡地，由於其種子產量極為驚人，種子著床萌芽後生長速度極快，每月蔓藤可生長延伸 1.8 公尺，很快便爬滿其他植物，對整體坡地環境造成嚴重的生態衝擊。

馬纓丹

銀合歡

原產於中美洲，300 多年前由荷蘭人引進作為薪炭材與飼料，由於繁殖力驚人，台灣的海岸線幾乎被銀合歡覆蓋，使得原生植物無法競爭，其中又以恆春地區特別嚴重。

布袋蓮

銀合歡

林道

廣義的林道包括山地軌道、架空索道、森林鐵路、卡車路,乃至木馬道或牛車道,狹義的林道則是指供運木材使用的道路。林道屬於專用道路的一種,是林務局基於林業經營管理使用的道路。

林道設置目的

過往的林道是為了運出伐木木材,以及運入伐木作業器材而開設,也提供沿線居民及山區農林產品、經濟礦產等民生物資運送交通。然而隨著林業經營型態由森林資源經營轉為多目標與永續利用的森林生態系經營,今日的林道亦肩負森林育樂、造林、林地管理、保林、防火及救災等功能。

林道的效益

1 促進森林育樂與旅遊觀光事業的發展。

2 提供森林經營管理與山區農產品輸運便捷交通。

3 改善山區部落的交通,促進山村經濟發展。

林道的種類

依據林業經營業務,可以分為「主要林道」、「次要林道」以及「一般林道」。

主要林道

森林遊樂區聯外道路及山地聚落聯外的林道。其中為森林遊樂區聯外道路者有:東眼山、大鹿林道本線、大雪山、八仙山、奧萬大、祝山、藤枝、宜專一線、翠峰等林道等。

次要林道

指一般造林地、苗圃及野生動物保護區的林道,如羅山林道等。

一般林道

其他保護森林及其他自然資源護管業務需要的林道,如水田林道等。

大鹿林道本線,連接新竹縣五峰鄉土場至苗栗縣泰安鄉觀霧,並在觀霧分為東西兩線。

東眼山林道。

阿里山稅山林道

保安林

台灣山勢險峻，河流短急，加上地質脆弱，每逢豪雨極易造成災害，乾季又有水源枯竭的問題，沿海各地常受季節風沙危害，森林能捍衛土地，涵養水源，減少災害發生。保安林即是以國土保安的公益功能為目的所設置。

保安林的功能

林木的樹冠枝葉能截留雨水，減少沖蝕，保護土地。林地植物擴展的根系能夠固著泥土，增加孔隙，達到鞏固土壤及涵養水源功能。沿海地區則以保安林做為屏障，阻擋來自海洋的強風以及鹽分侵蝕，達到防風、防砂、防潮、維護沿海養殖及民眾安全的目的。換句話說，保安林除了保護國土，還能提升森林覆蓋率，涵養森林水源、淨化空氣、美化環境、減少汙染。

台灣保安林種類

1 水源涵養保安林　　7 水害防備保安林
2 土砂捍止保安林　　8 漁業保安林
3 飛砂防止保安林　　9 墜石防止保安林
4 防風保安林　　　10 衛生保健保安林
5 風景保安林　　　11 自然保育保安林
6 潮害防備保安林

海岸防風林

位於季風盛行區的台灣，一年四季都有季風吹拂，尤其在西部濱海一帶，因地勢低平、空曠，海岸砂地地表細砂易受強風吹襲，造成較肥沃的表土被吹走，因而減低土地生產力。種植海岸防風林，可以使風吹的路徑受阻，進而降低風力，方便農作物栽培與人們的活動。此外也具有保障沿海居民生命財產安全、防止鹽害、提升農作物產量、當作國防的屏障，以及發展海岸遊樂事業等等功能。常見的防風林樹種包括木麻黃、林投、海檬果、草海桐、白水木與馬鞍藤等。

林投

海檬果

草海桐

白水木

台灣重要集水區上游建置保安林，以涵養水源。圖為德基水庫上游。

森林步道

台灣山林地區常因地形起伏或河川切割，形成豐富又獨特的自然景觀。早期遍布台灣山林的步道、古道，也蘊含深厚的歷史與人文故事，實地走訪，將能使人充分體會台灣本土文化與先民生活智慧。

步道的建置與發展

隨著林野遊憩與登山健行活動風行，林務局整合相關單位，建置發展全國步道系統。以各地既有步道為主，整合旅遊區域、景觀據點等，配合環境資源特色及豐富的遊程規劃，賦予步道系統新生命及定位。

與社區的連結

全國步道系統的設置，可以活絡城鄉，並結合步道沿線與周邊山村的文化與農林特產品，發展出具地方特色的各類服務、產品。

精選 4 條國家步道

能高越嶺道西段

能高越嶺道從南投縣仁愛鄉通過台灣中央山脈中段奇萊連峰與能高連峰，至花蓮縣秀林鄉銅門村。

步道平行塔羅灣溪，蜿蜒在中央山脈的連綿群峰之中，全線約 90％的步道穿越「丹大野生動物重要棲息環境」。

早年是賽德克族行獵往來的社路、日治時期的警備交通要道，以及戰後的台電高壓輸電保線路。

從日治時期開始就是非常受歡迎的登山健行路線，可以看到峻峭綿延的中央山脈主稜群峰、濁水溪與木瓜溪流域的層層山巒，沿途澗谷狹闊相間，視野寬廣多變。

霞喀羅國家步道

霞喀羅為泰雅族語的烏心石，因該地區盛產此樹而得名。

古道橫跨新竹縣五峰鄉、尖石鄉，是早期當地部落的聯外交通要道。

日治時期，日人為討伐附近部落，沿著古道進入山區，修築警備道路，設立砲台及派出所，現仍留有許多荒廢的警官駐在所遺址。

古道沿線經過大漢溪源頭的上游，翻越頭前溪及大漢溪的集水區，形成溪谷源流的特色。步道有多處極佳的賞楓點，入秋時可見滿山火紅的楓樹林，是知名的賞楓景點。

能高越嶺國家步道是一段橫貫中央山脈、連接起南投霧社與花蓮銅門的歷史古道，過去是賽德克族的遷徙與貿易交通路徑。

泰雅族霞喀羅群傳統領域，圖中包含石鹿部落及民都有山。

生態旅遊與人文歷史

透過全國步道系統的連結，可以串連全島旅遊區與觀光區，如國家森林遊樂區、國家公園、風景特定區等，形成自然旅遊網絡，促進生態旅遊的推展。此外，許多步道有其沿革歷史，走入步道，可理解原住民各族及社群間的關係，認識台灣的土地與社會發展史。

賽德克族人在能高越嶺前舉行入山儀式。

鳶嘴稍來小雪山國家步道

鳶嘴至稍來路段縱走，全程多為崎嶇難行的陡峭岩壁和險峻如刀般的地形，沿途皆需攀繩。

步道林木高大壯碩，初春，粉嫩雪白的台灣杜鵑、秀氣帶粉的紅毛杜鵑、妊紫嫣紅的玉山杜鵑及白瑕的西施花，將步道點綴得詩情畫意。

梅雨季時，鬱密的林下有晶瑩剔透的水晶蘭。

登臨鳶嘴山頂，可遠眺卓蘭、東勢、新社等地，運氣好時可看到雲海翻騰。稍來—小雪山步道古木參天，林木蓊鬱，畫眉科鳥類鳴叫聲不絕於途，悠揚迴盪山谷。

嘉明湖國家步道

嘉明湖海拔約 3,310 公尺，為台灣僅次於雪山翠池的高山湖泊，因水色澄澈湛藍且與雲天相映，被登山人喚作「天使的眼淚」。

沿途壯麗的高山深谷、斷崖崩壁、瞬息萬變的雲霧、如翡翠與綠緞鑲嵌的森林與草原、空谷鹿鳴、相連的群峰、冬日雪景，以及夜間皎潔的月色和滿天星子等風景。

高山生態景觀豐富多變，隨著海拔高度上升，針闊葉混合林相逐漸轉變為台灣鐵杉與台灣冷杉交錯生長，更高處則是森林與草原交織的美麗景色，附近高山森林與草原鑲嵌的平緩谷地，更是水鹿族群生息的樂土。

稍來—小雪山步道古木參天，林木蓊鬱。

嘉明湖。

森林與休閒

森林環境裡擁有大自然的芬芳、調和的色彩、寧靜的環境，適合發展賞鳥、賞蝶、健行、登山、野餐、露營、森林浴、戲水、賞雪、環境研究等遊憩活動，但森林遊憩活動必須建立在與自然的協調上，才能減少對山林的衝擊和損害。

無痕山林

「無痕山林運動」（Leave No Trace, LNT）是起源於美國的無痕旅遊概念。1960年代，美國大眾在登山、健行、露營等活動的遊憩使用率大增，造成許多遊憩據點地表植物的損害和消失，甚至使得土壤被侵蝕、樹木的成長受影響，動物的生態及棲息地也遭到破壞而被迫縮小或遷移。美國因而在1980年起發起無痕旅遊的行動概念，全面推動「負責任的品質旅遊」，教導大眾對待環境的正確觀念與技巧，提醒大眾對所處的山林環境善盡應有的關懷與責任，以盡可能減少衝擊的活動方式與行為，達成親近山林的體驗。台灣於2006年開始推動「無痕山林運動」，讓山林的愛好者在親近土地的同時，不致於對山林環境造成衝擊。

無痕山林是讓山林的愛好者在親炙土地的同時，亦能不對山林環境造成衝擊。

無痕山林七大準則

事前充分的規劃與準備	·充分蒐集資料，安排適合自己的登山計畫。 ·穿著吸濕排汗的衣物及適合的鞋款，並依照環境及需求，配戴護膝、登山杖，以及防雨和禦寒物品。 ·應攜帶地圖與指北針來定位定向，取代沿途留下的人為痕跡。 ·準備充足但不過量的飲食與水，並自備容器，減少垃圾量。 ·以小隊伍為宜，隊伍中須有專業嚮導或熟悉環境的專家、山友。
在可承受地點行走宿營	·選擇既有的步道，避免走在步道邊緣，使步道面積變寬。 ·若沒有步道，則行走在岩石、碎石等堅硬的地面，降低對植被和地表的傷害。 ·應避免行經動植物棲地、復育區等環境脆弱敏感區域。 ·使用現有營地，減少對植被的破壞。 ·休息區域和和煮食區應分開，避免野生動物攻擊。 ·搭營時避免破壞樹木或釘釘子。如果沒有現有營地，應選擇大面積岩石或碎石區紮營。 ·避開重要動植物棲地、復育區。 ·離開時則要將營地恢復原貌。
適當處理垃圾維護環境	·將所有攜帶物品及垃圾、廚餘帶走，勿掩埋，以免被野生動物翻出來。 ·避免使用清潔物品或化學成分汙染環境。 ·排遺地點應遠離水源地和營地。
保持環境原有的風貌	·保留自然遺蹟，不要帶走沿途看到的樹木化石、石頭、羽毛或古物。 ·不擾亂現有景物，以拍照代替摘採植物，也不要將外來的動植物帶入自然環境中。
減低用火對環境的衝擊	·用爐火取代生火，方便又快速，也較不容易留下炭跡或燻黑的石頭。 ·重複使用已搭建或有人使用過的生火地點。 ·避免在有機土壤、落葉堆等會危害植物及自然景觀的區域生火。 ·離開前確保火已完全熄滅，並恢復原狀。
尊重野生動植物	·保持距離觀察動植物，用望遠鏡和相機觀察，避免閃光燈，也不可追趕或抓捕。 ·不隨意餵食或驚擾野生動物。 ·盡量不在晚上健行，以免遭野生動物攻擊。 ·不要隨意採集、食用不熟悉的植物，避免中毒或破壞景觀。
考量其他的使用者	·尊重其他山友，保持禮貌與互助合作。 ·降低對他人影響，不占用步道。 ·尊重當地風俗，不闖入私人土地。 ·不要用手機或收音機等電子設備干擾他人，讓大自然聲音得以展現。

製表參考來源：林務局無痕山林悠遊網

森林遊樂與自然教育

生態旅遊是指在大自然裡，以不干擾森林動植物的前提下，盡情享受自然生命與人類文化的活動。配合森林遊樂區、自然教育中心的規劃，加上生態解說員的引導，可以增進人類對生態的認識，建立正確、永續的生態觀念，達到人與自然交融共存的理想。

森林遊樂區

森林遊樂區的設置目的是以森林生態為休閒遊憩與環境教育的核心資源，提供遊客欣賞或體驗其中的大自然景觀，獲得最多的自然體驗與學習，同時著重森林環境的永續經營，關心區域文化內涵，促使國土資源保育與地方永續發展。因此，會依其環境屬性劃定出營林區、育樂設施區、景觀保護區、森林生態保育區進行不同的管理，並且每十年會進行通盤的檢討，訂出最符合環境生態的經營模式。

自然教育中心

自然教育中心的設置是希望透過一個與自然契合的場域，在空間規劃與設施材質上符合永續發展的原則，由一群具備不同專業的工作人員，規劃出符合不同對象需求的活動。在專業的人員與適當的引導下，可以陪伴大、小朋友走入山林、親近自然，在古老的森林裡，學習巨木的沉穩與包容；

在開疆闢土的植物裡，體認自然的奉獻與韌性；從一粒種子看到造物者的奇蹟；從一片新葉感受蘊含的力量；聆聽來自大地的聲音、原野的呼喚；吸取森林的能量、體驗生命的意義；在探索森林、日月、溪流、鳥獸奧秘的同時，真正的瞭解自然、尊重自然，謙卑地向自然學習。

生態解說員

生態解說員的主要功能在於將某特定區域內的自然環境特性，以深入淺出的形式，傳遞給參觀遊客。透過解說，可以讓參觀者更容易感受到環境的豐富、多變，並深入體驗當地的人文、自然的美，進而引起參觀遊客對當地環境的關注。

奧萬大自然教育中心

東眼山自然教育中心

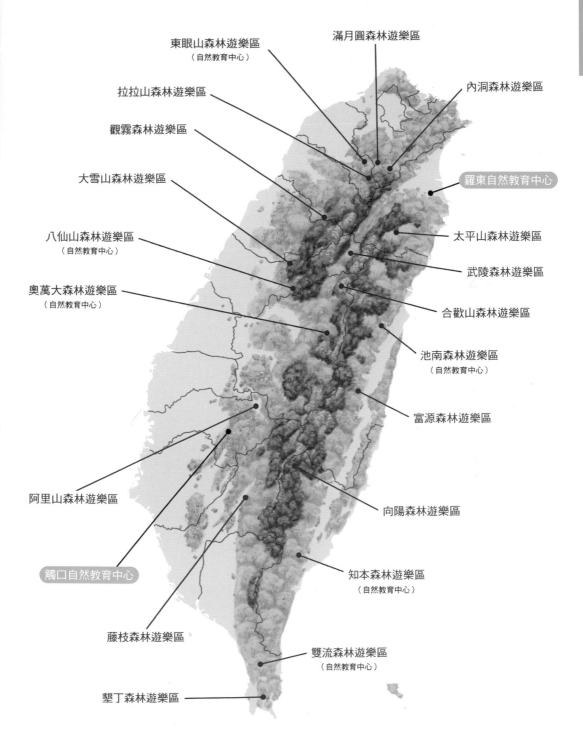

東眼山森林遊樂區
（自然教育中心）

滿月圓森林遊樂區

內洞森林遊樂區

拉拉山森林遊樂區

觀霧森林遊樂區

羅東自然教育中心

大雪山森林遊樂區

太平山森林遊樂區

武陵森林遊樂區

八仙山森林遊樂區
（自然教育中心）

合歡山森林遊樂區

奧萬大森林遊樂區
（自然教育中心）

池南森林遊樂區
（自然教育中心）

富源森林遊樂區

阿里山森林遊樂區

向陽森林遊樂區

觸口自然教育中心

知本森林遊樂區
（自然教育中心）

藤枝森林遊樂區

雙流森林遊樂區
（自然教育中心）

墾丁森林遊樂區

附錄　國家森林遊樂園

滿月圓森林遊樂園區

賞蝶／青斑鳳蝶、台灣鳳蝶、琉璃蛺蝶

賞鳥／鉛色水鶇、翠鳥、灰喉山椒、赤腹山雀

賞蛙／斯文豪氏赤蛙

觀瀑／處女瀑布、滿月圓瀑布

賞紅葉／青楓

賞景／筆筒樹、山蘇花、山櫻花

東眼山森林遊樂園區

賞花／西施杜鵑

賞蝶／大紅紋鳳蝶

賞景／柳杉樹海

賞鳥／灰喉山椒、五色鳥、台灣畫眉

賞蛙／莫氏樹蛙、澤蛙、腹斑蛙

遺跡／三千萬年前蝦蟹生痕化石

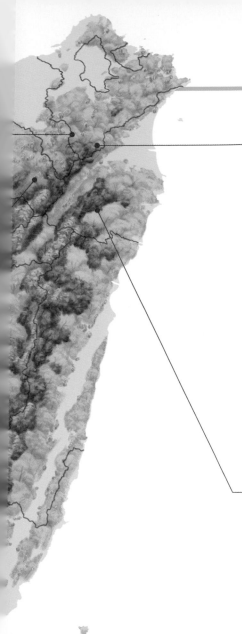

內洞森林遊樂園區

賞鳥／台灣紫嘯鶇、藍腹鷴、河烏

賞蛙／面天樹蛙、翡翠樹蛙

賞魚／鯝魚（苦花）、溪　哥、臺灣馬口魚

觀瀑　／三疊隱瀑

賞蝶／青斑鳳蝶、青帶鳳蝶、紅邊黃小灰蝶

賞果／水同木

賞景／筆筒樹、山蘇花、水鴨掌秋海棠。

太平山森林遊樂園區

賞鳥／白耳奇、金翼畫眉、綠啄木、橿鳥

觀蟲／台灣長臂金龜

賞蝶／寬尾鳳蝶

賞樹／白嶺巨木、檜木原始林、紫葉槭、台灣山毛櫸

觀瀑／三疊瀑布

賞花／白櫻花、毛地黃、台灣杜鵑

賞景／日出、雲海、山嵐；蹦蹦車

高山湖泊／翠峰湖

附錄　國家森林遊樂園

觀霧森林遊樂園區

賞鳥／冠羽畫眉、紅頭長尾山雀、
　　　黑長尾雉、藍腹鷴

觀蟲／銀目天蠶蛾、綠目天蠶蛾、
　　　台灣長臂金龜

賞花／山櫻花、霧社櫻、台灣杜
　　　鵑、玉山杜鵑、棣慕華鳳仙
　　　花、黃花鳳仙花、紫花鳳仙
　　　花、台灣百合、笑靨花

賞紅葉／台灣紅榨槭、青楓台灣掌
　　　　葉楓

賞景／雲海、檜木巨木群、瀑布、
　　　雪霸連峰壯麗山景

大雪山森林遊樂園區

賞鳥／藍腹鷴、黑長尾雉、深山竹雞、黃腹琉
　　　璃、金翼白眉、綠啄木

賞樹／雪山神木

賞楓／台灣紅榨槭、青楓

賞花／台灣杜鵑、玉山杜鵑、台灣百合

賞景／雲海、晚霞；觀星

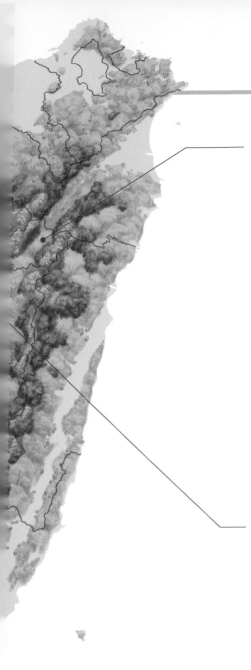

武陵森林遊樂園區

賞鳥／白尾鴝、鷦鷯、金翼白眉

動物／櫻花鉤吻鮭、山羌、台灣野山羊、台灣水鹿、
　　　台灣獼猴、赤腹松鼠

觀瀑／桃山瀑布

賞蝶／曙鳳蝶

賞紅葉／栓皮櫟、青楓、楓香

八仙山森林遊樂園區

賞花／杜鵑、山櫻花、埔里杜鵑

賞鳥／小卷尾、灰喉山椒、紅頭山雀、赤腹山雀、
　　　小剪尾

觀蟲／鍬形蟲

賞景／二葉松林、五葉松林、孟宗竹；奇石。

附錄　國家森林遊樂園

奧萬大森林遊樂園區

賞景／奧萬大吊橋、大草坪、二葉松林、河階
　　　台地

觀樹／殼斗科植物

賞紅葉／楓香、落羽松、青楓

賞鳥／藍腹鷳、冠羽畫眉、綠背山雀、茶腹鳾

賞蛙／日本樹蛙

觀蟲／長臂金龜、鍬形蟲

動物／台灣獼猴、白面鼯鼠

阿里山森林遊樂園區

賞花／山櫻花、吉野櫻、台灣一葉蘭、玉山杜
　　　鵑、木蘭、黃花著生杜鵑

賞鳥／阿里山鴝、冠羽畫眉、大赤啄木、青背
　　　山雀、黑長尾雉、台灣戴菊、白耳畫眉

賞景／日出、雲海、晚霞、檜木巨木群、秋楓

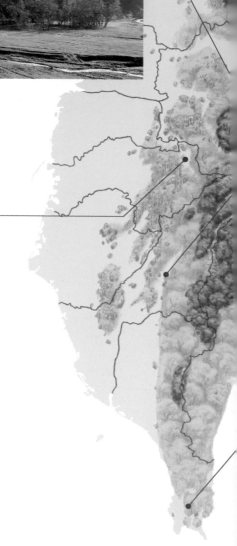

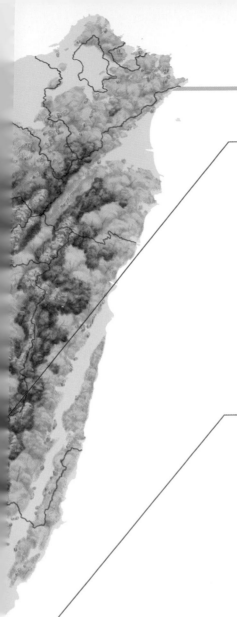

藤枝森林遊樂園區

賞鳥／冠羽畫眉、白耳奇、紅嘴黑鵯

觀蟲／齒輪天蠶蛾、台灣長尾水青蛾、黃豹天蠶蛾、
　　　長臂金龜、獨角仙、鍬形蟲

動物／赤腹松鼠、台灣獼猴、山羌、山豬

賞蝶／苧麻蝶、齒輪天蠶蛾、台灣長尾水青蛾

賞景／六龜警備道

賞花／西施杜鵑、山櫻花、台灣蘋果、巒大秋海棠、
　　　武威秋海棠、藤枝秋海棠、出雲山秋海棠、台
　　　灣秋海棠

墾丁森林遊樂園區

賞花／夜間開放的棋盤腳花

觀果／毛柿

賞鳥／紅尾伯勞、灰面鵟鷹、赤腹鷹、烏頭翁、五色
　　　鳥

賞岩／鐘乳石、石筍

賞蝶／黃裳鳳蝶、黑點大白蝶

觀樹／銀葉板根、白榕支柱根

附錄　國家森林遊樂園

合歡山森林遊樂園區

賞花／杜鵑、玉山佛甲草、虎仗、阿里山龍膽、
　　　黃苑

賞鳥／岩鷚、酒紅朱雀、金翼白眉、台灣戴菊、
　　　煤山雀

賞景／雪景、雲海、冷杉林、玉山箭竹

動物／台灣山椒魚、楚南氏山椒魚、雪山草蜥

雙流森林遊樂園區

賞鳥／藍腹鷴、樹鵲、翠鳥、烏頭翁、五色鳥

賞蝶／紅紋鳳蝶、黃裳鳳蝶、大白斑蝶

賞樹／光臘樹

觀瀑　／雙流瀑布

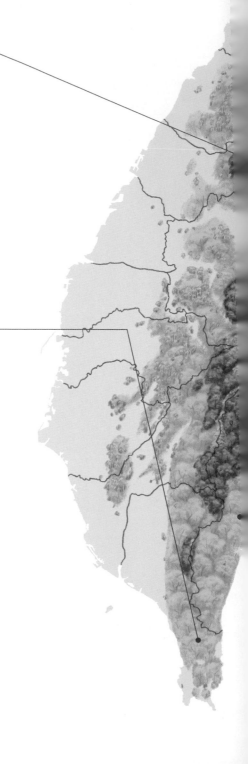

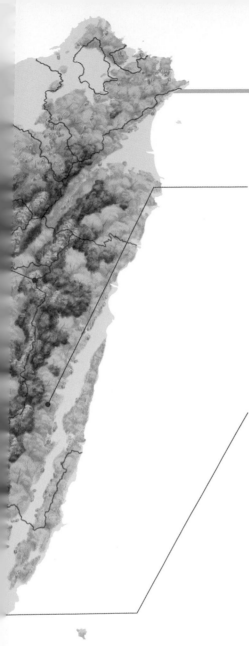

富源森林遊樂園區

賞螢／黑翅螢、山窗螢、紅胸窗螢、橙螢

賞蝶／鳳蝶、粉蝶、斑蝶、蛇目蝶、蛺蝶、小灰蝶、
　　　挵蝶

賞鳥／仙八色鶇、灰喉山椒、朱鸝、赤腹山雀

賞樹／樟樹、九芎、山棕

知本森林遊樂園區

賞花／台東蝴蝶蘭

賞鳥／朱鸝、紅嘴黑鵯、藍腹鷴、大冠鷲、鳳頭蒼鷹

賞蛙／日本樹蛙

賞蝶／玉帶鳳蝶

賞樹／千根榕、茄苳古樹、大酸藤、藤蕨、幹花榕；
　　　溫泉。

附錄　國家森林遊樂園

拉拉山森林遊樂園

賞樹／珍貴檜木巨木群

賞鳥／臺灣藍鵲、黃腹琉璃

賞景／人文風情

向陽森林遊樂園區

賞鳥／小翼鶇、茶腹鳾、綠背山雀、冠羽畫眉、
　　　黑長尾雉

賞花／南湖山蘭、綉邊根節蘭、台灣喜普鞋
　　　蘭、玉山杜鵑、紅毛杜鵑

賞紅葉／紅榨槭

賞景／向陽大崩壁、雲海、紅檜巨木、二葉松
　　　林、 鐵杉林

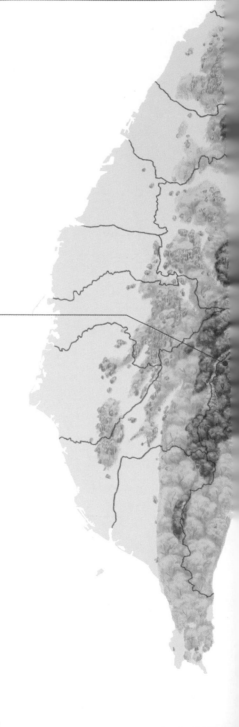

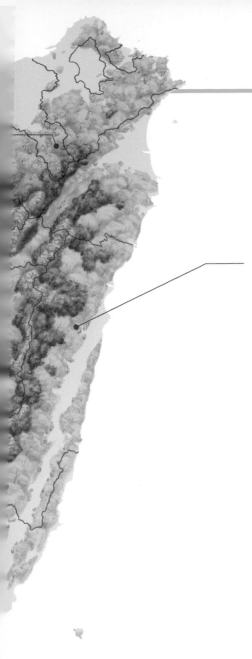

池南森林遊樂園區

賞鳥／紅頭穗、五色鳥、灰喉山椒、河烏、翠鳥、環頸雉、烏頭翁

賞蝶／紅紋鳳蝶、白帶蔭蝶、無紋淡黃蝶、淡紫粉蝶

賞樹／筆筒樹、九芎、光臘樹

賞景／鯉魚潭、林業史跡

專書

遠足地理百科編輯組，《一看就懂地理百科》，台北：遠足文化，2020 年

黃美傳，《一看就懂台灣地理》，台北：遠足文化，2020 年

陳玉峯，《台灣植被誌（第一卷）：總論及植被帶概論》，台北：玉山社，1995 年

陸象豫、游漢明、王相華、許原瑞，《森林的形成》，台北：行政院農業委員會林業試驗所，
2018 年

張明洵，《霧林神木（精裝）》，台北：行政院國軍退除役輔導委員會，2018 年

吳永華，《早田文藏：台灣植物大命名時代》，台北：國立台灣大學出版中心，2016 年

楊遠波、劉和義、林讚標，《台灣維管束植物簡誌：第一卷》，台北：行政院農業委員會，
2001 年

劉小如、丁宗蘇、方偉宏、林文宏、蔡牧起、顏重威，《台灣鳥類誌 第二版》，台北：行政院
農業委員會林務局，2012 年

李俊延、王效岳，《台灣蝶類誌》，台北：貓頭鷹，2021 年

邱美蘭、彭國棟《蝴蝶環境教育圖鑑 [軟精裝]》，南投：行政院農委會特有生物保育中心，
2014 年

董景生、黃啟瑞、張德斌，《婆娑伊那萬 - 蘭嶼達悟的民族植物》，台北：行政院農業委員會
林務局，2013 年

李根政，《台灣山林百年紀》，台北：天下雜誌，2018 年

期刊與研究報告

《第四次森林資源調查報告》，行政院農業委員會林務局，2020 年

《The State of the World's Forests 2022》，Food and Agriculture Organization of the United
Nations（FAO）

賴明洲、薛怡珍、黃士嘉、楊瓔華，〈濕地植物去污淨化功能與選種建議〉，《台灣林業（2004
年 8 月）》，頁 44-51

網站

台灣物種名錄　https://taibnet.sinica.edu.tw/home.php?

台灣生物多樣性網絡　https://www.tbn.org.tw/about/tbn

行政院農業委員會林務局自然保育網：https://conservation.forest.gov.tw/

台北植物園　https://tpbg.tfri.gov.tw/PlantList.php

台灣黑熊保育協會　https://www.taiwanbear.org.tw/front/

台灣溼地保育網 https://wetland-tw.tcd.gov.tw/tw/GuideMap.php

台灣維管束植物簡誌

圖片來源

吳志學：頁10左上、15（左上、左下）、20上、21（右中、左下）、25右下、27（左上、左中）、29（中、右下）、31中、32中、35、40、41下、42全、44、49上、51右中、61右上、62全、69右上、82右中、84下、88下、90上、90左、91右下、92、93右中、96、98、99右上、105右上、108、110、111全、115下、116全、117全、122左上、122左下、123、128上、129下、130、131、133右上、134下、135全、136、139右下、143上、146、148下、149、150大圖、151（左上、右上、右下）、152左下、153全、156、159、164、165、166下、167全、168全、169、170、177、172、174

陳柏璋：頁17全、20左下、21（左中、右下）、23全、24上、25上、25中、25左下、27（右上、右中）、27下、29（左上、右上、左下）、30全、31全、32全、34、37、41上、45全、48、50上、51上、51（左下、右下）、54全、56全、57全、58全、59、61左中、63全、66下、69中、69右下、70全、72全、73全、74全、75全、76全、77、78全、79全、80全、81全、82（左上、左中、右下）、83（中、下）、84上、85全、88上、90右中、91中、93（右上、右下）、97上、99左上、102右上、103全、106全、107右下、109右下、132、133左中、137、139（左上、右上、左中）、143下、144全、145、148上、151左下、152右下、154、160、161、163全、166上

Wikimedia Commons：頁15右上（邱文強／CC BY-SA 4.0）、83上（Peellden／CC BY-SA 4.0）、107右上（Peellden／CC BY-SA 4.0）／PIXTA：頁60、115左上／ISTOCK：頁10中、10左下、12上、13全、17右上、17左下、118上

Shutterstock：頁89上、120上、136上

插畫

吳淑惠：頁8、14、16、18、22、24、26、28、30、33、34、36、38、45、49、50、64、67、71、82、86、90、100、108、124至127、142

江匀楷：頁6、7、11、43、44、52、68、112、118、140

高華：頁104／吳順文：頁21右上、66上／陳麗雅：頁114／陳豐明：頁121

一看就懂森林之島

走入大自然、親近台灣森林的第一本書
The Illustrated Encyclopedia of Taiwan Forest

審　　　訂	袁孝維
編　　　著	遠足地理百科編輯組
執 行 長	陳蕙慧
資 深 主 編	賴虹伶
封 面 設 計	汪熙陵
內 頁 排 版	簡單瑛設、汪熙陵
行 銷 企 劃	陳雅雯、余一霞、林芳如、趙鴻祐
社　　　長	郭重興
發 行 人	曾大福
出 版 者	遠足文化事業股份有限公司
地　　　址	231 新北市新店區民權路108-2號9樓
電　　　話	(02)2218-1417
傳　　　真	(02)2218-8057
E-mail	service@bookrep.com.tw
郵 撥 帳 號	19504465
客 服 專 線	0800221029
網　　　址	http://www.bookrep.com.tw
法 律 顧 問	華洋國際專利商標事務所 蘇文生律師
印　　　製	呈靖有限公司
電　　　話	(02)2265-1491
定　　　價	450元
初　　　版	2023年4月
I S B N	978-986-508-161-4（紙本）
I S B N	978-986-508-162-1（PDF）
I S B N	978-986-508-163-8（EPUB）

國家圖書館出版品預行編目(CIP)資料

一看就懂森林之島 / 遠足地理百科編輯組編著.
-- 初版. --
新北市：遠足文化事業股份有限公司, 2022.10
面；　公分
ISBN 978-986-508-161-4(平裝)
1.CST: 森林 2.CST: 森林生態學 3.CST: 臺灣
436.12　　　　　　　　　　　　　　　　111014946

※特別聲明：
有關本書中言論，不代表本公司/集團之立場與意見，文責由
作者自行承擔

©2023 Walkers Cultural Print in Taiwan
有著作權，翻印必究
（如有缺頁或破損，請寄回更換）